电工电子名家畅销书系

电子元器件识别与检测咱得这么学

杨清德　柯世民　等编著

机械工业出版社

本书共有 5 章，按照"学"（基本学习不可少）、"思"（难点易错点解析）、"行"（动手操作见真章）、"结"（复习巩固再提高）四个模块，对电子产品生产（制作）工艺的第一个重要环节——电子元器件的识别与应用进行了详尽的介绍。

本书具有基础性、实用性、易学性、互动性等特点，使读者在轻松的氛围中学习，易入门、易上手。

本书可作为职业院校电子技术应用、电子电器应用与维修、物联网等专业的基础课程实训教材，也可作为广大电子技术爱好者的参考用书。

图书在版编目（CIP）数据

电子元器件识别与检测咱得这么学/杨清德等编著.
—北京：机械工业出版社，2018.7
（电工电子名家畅销书系）
ISBN 978-7-111-60045-9

Ⅰ. ①电… Ⅱ. ①杨… Ⅲ. ①电子元件–识别–基本知识②电子元件–检测–基本知识 Ⅳ. ①TN60

中国版本图书馆 CIP 数据核字（2018）第 111781 号

机械工业出版社（北京市百万庄大街22号　邮政编码100037）
策划编辑：任　鑫　责任编辑：翟天睿
责任校对：刘秀芝　封面设计：马精明
责任印制：孙　炜
天津翔远印刷有限公司印刷
2018 年 8 月第 1 版第 1 次印刷
184mm×260mm·14.5 印张·349 千字
0001—3000 册
标准书号：ISBN 978-7-111-60045-9
定价：45.00 元

出版说明

我国经济与科技的飞速发展，国家战略性新兴产业的稳步推进，对我国科技的创新发展和人才素质提出了更高的要求。同时，我国目前正处在工业转型升级的重要战略机遇期，推进我国工业转型升级，促进工业化与信息化的深度融合，是我们应对国际金融危机、确保工业经济平稳较快发展的重要组成部分，而这同样对我们的人才素质与数量提出了更高的要求。

目前，人们日常生产生活的电气化、自动化、信息化程度越来越高，电工电子技术正广泛而深入地渗透到经济社会的各个行业，促进了众多的人口就业。但不可否认的客观现实是，很多初入行业的电工电子技术人员，基础知识相对薄弱，实践经验不够丰富，操作技能有待提高。党的十八大报告中明确提出"加强职业技能培训，提升劳动者就业创业能力，增强就业稳定性"。人力资源和社会保障部近期的统计监测却表明，目前我国很多地方的技术工人都处于严重短缺的状态，其中仅制造业高级技工的人才缺口就高达400多万人。

秉承机械工业出版社"服务国家经济社会和科技全面进步"的出版宗旨，60多年来我们在电工电子技术领域积累了大量的优秀作者资源，出版了大量的优秀畅销图书，受到广大读者的一致认可与欢迎。本着"提技能、促就业、惠民生"的出版理念，经过与领域内知名的优秀作者充分研讨，我们于2013年打造了"电工电子名家畅销书系"，涉及内容包括电工电子基础知识、电工技能入门与提高、电子技术入门与提高、自动化技术入门与提高、常用仪器仪表的使用以及家电维修实用技能等。本丛书出版至今，得到广大读者的一致好评，取得了良好社会效益，为读者技能的提高提供了有力的支持。

随着时间的推移和技术的不断进步，加之年轻一代走向工作岗位，读者对于知识的需求、获取方式和阅读习惯等发生了很大的改变，这也给我们提出了更高的要求。为此我们再次整合了强大的策划团队和作者团队资源，对本丛书进行了全新的升级改造。升级后的本丛书具有以下特点：①名师把关品质最优；②以就业为导向，以就业为目标，内容选取基础实用，做到知识够用、技术到位；③真实图解详解操作过程，直观具体，重点突出；④学、思、行有机地融合，可帮助读者更为快速、牢固地掌握所学知识和技能，减轻学习负担；⑤由资深策划团队精心打磨并集中出版，通过多种方式宣传推广，便于读者及时了解图书信息，方便读者选购。

本丛书的出版得益于业内顶尖的优秀作者的大力支持，大家经常为了图书的内容、表达等反复深入地沟通，并系统地查阅了大量的最新资料和标准，更新制作了大量的操作现场实景素材，在此也对各位电工电子名家的辛勤的劳动付出和卓有成效的工作表示感谢。同时，我们衷心希望本丛书的出版，能为广大电工电子技术领域的读者学习知识、开阔视野、提高技能、促进就业，提供切实有益的帮助。

作为电工电子图书出版领域的领跑者，我们深知对社会、对读者的重大责任，所以我们一直在努力。同时，我们衷心欢迎广大读者提出您的宝贵意见和建议，及时与我们联系沟通，以便为大家提供更多高品质的好书，联系信箱为 balance008@126. com。

机械工业出版社

前　言

电子元器件是电子元件和电子器件的总称。所谓电子元件，是指在工厂生产加工时不改变分子成分的产品，如电阻器、电容器、电感器等。因为它本身不产生电子，对电压、电流无控制和变换作用，所以又称为无源器件。所谓电子器件，是指在工厂生产加工时改变了分子结构的产品，例如晶体管、集成电路等。因为它本身能产生电子，对电压、电流有控制、变换作用，所以又称为有源器件。

电子元器件是构成电子产品的基本要素。随着电子技术及其应用领域的迅速发展，元器件种类越来越多。在电子制作中，要用到许多不同的电子元器件。想从事或了解电子信息技术的人必须先学习和掌握常用电子元器件的性能、用途及使用方法，这对提高电气设备的装配质量及可靠性将起到重要的作用，对以后进一步的专业学习也有很大好处。

本书从"学""思""行""结"四个方面引导读者快速学习和掌握电子制作中最常用电子元器件的结构、分类、性能、参数等方面的基础知识和使用万用表检测电子元器件的方法，以及电子元器件的应用常识。

学——基本学习不可少。作为知识讲解的第一个层面，利用图解、表说的形式，将需要掌握的知识、技能一一展现在读者眼前。

思——难点易错点解析。作为知识讲解的第二个层面，针对读者在学习过程中存在的一些问题，进行答疑解惑。

行——动手操作见真章。用电子制作的实际案例，加深对电子元器件的理解和运用，增强读者的实战底气。

结——复习巩固再提高。若学习了东西不进行总结，则不易牢固，不会找出自身的不足。

电子元器件的识别与应用是学习电子技术的基础，尤其是对先进的新型电子元器件的识别与应用。本书在编写过程中，注重实际应用与理论的结合，利用实物与图表，使电子元器件的识别与检测变得直观明了、通俗易懂，具有基础性、实用性、易学性、互动性等特点，使读者在轻松的氛围中学习，易入门、易上手。

本书适合于电子技术初学者阅读，可作为职业院校电子电器专业的基础课程实训教材。

本书在编写过程中得到许多同仁的大力支持，其中柯世民、王皋平、任成明、周万平、乐发明、谭定轩、冉洪俊、余明飞、张川、鲁世金、吴雄、廖代均等参与部分章节的编写工作，全书由杨清德统稿。本书在编写过程中，参考和借鉴了同行编写的一些宝贵资料，在此表示感谢。

本书随书还赠送相关资料，读者可通过添加微信公众号"机械工业出版社 E 视界"，回复本书书号"60045"获取下载链接。

由于编者水平有限，加之时间仓促，书中难免存在缺点和错误，敬请各位读者批评指正，多提意见。

编者

目 录

第1章
阻容感元件的识别与应用

我们对电子技术的学习往往都是从认识电子元器件开始的，通过一个个的小制作、小实验，一步一步地对电子产生兴趣，以实践为基础，深入探索，直至迈入电子世界的大门，成为电子世界的主人。

任何电子设备都是由一个个的电子元器件按照一定的规律组成的，要学好电子技术，就必须先掌握基本的电子元器件知识。

模块1　基本学习不可少

1.1.1　电阻器识别与应用

1. 电阻器简介

由电阻材料制成，有一定的结构形式，能在电路中起限制电流通过作用的电子元件称为电阻器，简称电阻，又名定值电阻。"电阻"说的是一种性质，而通常在电子产品中所说的电阻，是指电阻器这样一种元件。

电阻的基本单位是欧姆，用希腊字母"Ω"表示。电阻阻值的常用单位还有千欧（kΩ）和兆欧（MΩ）。换算关系为

$$1M\Omega = 1000k\Omega = 1000000\Omega$$

电阻器利用自身消耗电能的特性，在电路中具有降压、分压、限流，以及向各种电子元器件提供必要的工作条件（电压或电流）等功能。电阻器是电子产品中应用十分广泛的元件，几乎在任何电子线路中都是不可缺少的。

2. 电阻器种类的识别

电阻器有不同的分类方法。按制造材料不同可分为碳膜电阻、水泥电阻、金属膜电阻和线绕电阻等；按功率不同可分为1/8W、1/4W、1/2W、1W、2W等额定功率的电阻；按电阻值的精确度不同可分为精确度为±5%、±10%、±20%等的普通电阻，还有精确度为±0.1%、±0.2%、±0.5%、±1%和±2%等的精密电阻；按阻值是否变化可分为固定式和可变式电阻；按在印制板上的安装方式不同可分通孔式（THT）和表面组装式（简称贴片式SMT）。

不同种类电阻器的外形差异较大，识别时请注意观察各类电阻器的外形特征。图 1-1 所示为常用电阻器的实物图。

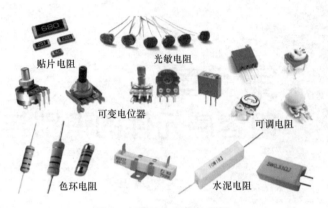

贴片电阻　　　光敏电阻

可变电位器　　　可调电阻

色环电阻　　　水泥电阻

图 1-1　常用电阻器实物图

在电子产品中应用较多的电阻器主要有固定电阻和可变电阻两大类，以固定电阻应用最多。最常见的有 RT 型碳膜电阻、RJ 型金属膜电阻、RX 型线绕电阻，如图 1-2 所示。近年来，电子产品中开始广泛应用贴片电阻（又称片状电阻）。

保险电阻器（标准术语称为熔断电阻器）兼具电阻器和熔丝的作用。当温度超过 500℃ 时，电阻层迅速剥落熔断，将电路切断，起到保护电路的作用。保险电阻器的形状有许多种，既有像普通电阻器的，也有其他形状的，如图 1-3 所示。

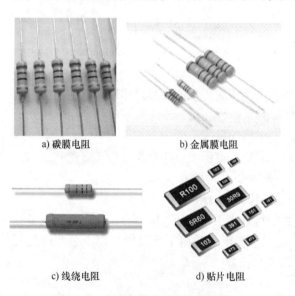

a) 碳膜电阻　　　　　　b) 金属膜电阻

c) 线绕电阻　　　d) 贴片电阻

图 1-2　电子产品中常用的电阻器

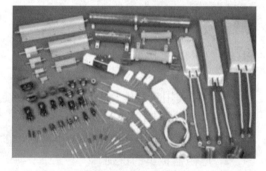

图 1-3　保险电阻器

（1）类似二极管或磁珠的保险电阻器

这类保险电阻器的外形类似整流二极管，整体为黑色，只是没有二极管用来标注极性的白色环。表面一般标注其电流的大小，如 1.5A 字样。这种保险电阻器通常用在计算机的光驱、主板的键盘和鼠标接口电路中。

（2）白色小方块状的保险电阻器

这类保险电阻器的外形类似贴片电解电容器，不过其颜色为白色，表面标注最大电流的大小，如 400mA，表示其允许通过的最大电流为 400mA。

（3）类似普通电阻器的保险电阻器

这种保险电阻器常用在一些低档的主板、光驱及显示器电路中。其形状和普通电阻器类似，颜色一般为土黄色，有些上面标有电流值（如 1.1A/2A），有些用一道色环标注。

（4）灰色扁平状的保险电阻器

这类形状的保险电阻器类似扁平开关的贴片电感器。其上标注有字符，如 LF110 字样，一般用在主板、笔记本电脑的 9 针串行通信接口、25 针并行通信接口、显示器外接接口电路中。

（5）绿色扁平状的保险电阻器

这类保险电阻器是现在最常用的。其上一般标注有电流，如 ×26、×15、1×1 等字样，分别表示最大电流为 2.6A、1.5A、1A。

【经验分享】

一般来说保险电阻器的电阻值很小，通常为几欧姆。

【知识窗】

常见电子元件允许偏差及温度系数表示法

（1）元件允许偏差的字母识别法（见表 1-1）

表 1-1　元件允许偏差的字母识别法

允许偏差代码	C	D	J	K	M	Z
允许偏差范围	±0.25%	±0.5%	±5%	±10%	±20%	-20%～+80%

（2）常见电子元件温度系数

温度系数是指在温度变化时元件值随温度变化的特性。常见电子元件温度系数代码的含义见表 1-2。

表 1-2　常见电子元件温度系数代码的含义

温度系数代码	温度变化范围	元件值变化范围
C0G	-55～125℃	0 ±30ppm/℃
C0H	-55～125℃	0 ±60ppm/℃
X7R	-55～125℃	±15%
X5R	-55～85℃	±15%
Y5V	-30～85℃	+20%～-80%
Z5U	10～85℃	+20%～-80%
B	-25～85℃	±10%
CK	-55～125℃	0 ±250ppm

表1-2中的温度系数代码只是温度代码中的常用部分，在温度系数中还有 H、J、K 系列代码，由于其他代码特性的元件使用比较少，因此在这里不做介绍。

（3）色环元件允许偏差的表示方法（见表1-3）

表1-3　色环元件允许偏差的表示方法

金色	银色	棕色	红色	绿色	蓝色	紫色
±5%	±10%	±1%	±2%	±0.5%	±0.25%	±0.1%

3. 电路图中的电阻器识别

（1）图形符号的识别

常用电阻器的图形符号见表1-4。

表1-4　常用电阻器的图形符号

图形符号	说　明	图形符号	说　明
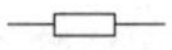 ⎯▭⎯	电阻器，一般符号	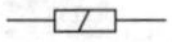 ⎯▭⎯	0.25W 电阻器
		 ⎯▭⎯	0.5W 电阻器
 ⎯▭⎯（斜箭头）	可调电阻器	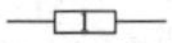 ⎯▭⎯	1W 电阻器（大于1W用阿拉伯数字表示）
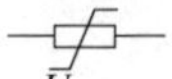 ⎯▭⎯ U	压敏电阻器、变阻器	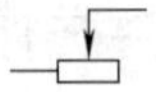 ⎯▭↓⎯	带滑动触点的电阻器
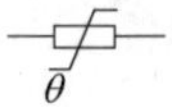 ⎯▭⎯ θ	热敏电阻器	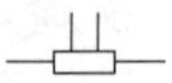 带固定抽头的电阻器示出两个抽头	带固定抽头的电阻器示出两个抽头
 ⎯▭⎯	0.125W 电阻器	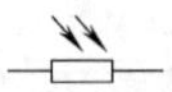 ⎯▭⎯（光线箭头）	光敏电阻器

【经验分享】

在部分进口电子产品中，还有如图1-4所示的另外一种图形符号。部分原版绘图软件绘制的电阻器也是这种图形符号。

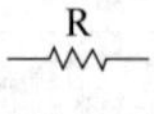

$$\text{R}$$
⎯/\/\/\⎯

图1-4　电阻器的另一种图形符号

（2）文字符号的识别

在电路图中，一般用字母 R 表示电阻器。特殊电阻器采用专门的文字符号来表示。

1）热敏电阻器的电阻值是随外界温度而变化的，文字符号是 RT，负温度系数的热敏电阻用 NTC 来表示；正温度系数的热敏电阻器，用 PTC 来表示。

2）光敏电阻器的图形符号中有两个斜向的箭头表示光线，它的文字符号是 RL。

3）压敏电阻器的阻值是随电阻器两端所加电压而变化的，它的文字符号是 RV，其图形符号中的字母 U 表示电压。

【经验分享】

上述三种电阻器实际上都是半导体器件，但习惯上我们仍将它们当做电阻器。

（3）序号及电阻值的识别

在电路图中，通常在电阻器图形符号的上方或者下方直接标注出该电阻器的电阻值。如图 1-5 所示，用字母 R 表示电阻器，R1 中的 1 表示该电阻器在电路图中的编号，10k 表示该电阻器的阻值为 10kΩ。

有时为了节省位置而省略了一些单位符号，识别方法是阻值在 1Ω ~ 999Ω 时，省略单位 Ω，仅标数字，如"R2/330"表示 R2 为 330Ω；阻值在 1kΩ ~ 1MΩ 时，一般用 k 表示单位，如"R2/5k6"表示 R2 为 5.6kΩ；阻值在 1MΩ 以上时，省略单位，在所标数字后面加小数点和 0，表示兆欧，如"R2/2.0"表示 R2 为 2MΩ。

整机电路复杂时，R 前加上系统电路编号，方便找到对应电阻，如 2R1，2R2 是一个系统电路中的电阻器，1R2 和 1R1 就是另一个系统电路中的了。电路中，电阻器系统电路编号如图 1-6 所示。

图 1-5　电阻器的序号及电阻值的标注示例　　　图 1-6　电阻器的系统电路编号示例

（4）功率标注的识别

电阻器正常工作不至于烧坏的功率为额定功率，电阻器工作时实际消耗的功率是消耗功率，通常只有额定功率的 1/2 或稍大一点。电路图中对电阻器功率的标识如图 1-7 所示。电阻器损坏需更换时，除阻值应相同外，还应注意功率要求。这可根据电阻器的体积大小粗略判断，一般体积大的电阻器功率也大。如果功率不够，则可以用两个电阻器并联后使用，但要注意并联后的实际阻值应与原阻值相同。

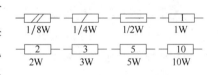

图 1-7　电阻器功率标识

【经验分享】

在电路图中，如果电阻器无功率标识，则表示是功率要求较小的电阻器，一般为 1/8W 的电阻器。

4. 贴片电阻的识别

（1）贴片电阻封装识别

贴片电阻是金属玻璃铀电阻器中的一种。常见封装形式有 0201、0402、0603、0805、1206、1210、1812、2010、2512 等，如图 1-8 所示。

贴片电阻是一种外观非常单一的元件。方形、黑色，表面有丝印标识元件值，体积较小。贴片电阻有各种尺寸，贴片电阻通常用两种尺寸代码来表示，一种是英制代码（其单位为 in），另一种是公制代码（其单位为 mm，均由四位数字表示，前两位与后两位分别表示电阻器的长与宽，如图 1-9 所示。

图1-8 不同封装的贴片电阻

图1-9 贴片电阻的尺寸代码

【经验分享】

目前，在液晶电视机、显示器等电子产品中，以 0603、0805 为主；智能手机、PDA 等高密度电子产品多使用 0201、0402；汽车行驶记录仪、导航仪等多采用 1206、1210 等尺寸偏大的电阻器。

【知识窗】

常见贴片元件尺寸规范

为了让所有厂商生产的元件之间有更多的通用性，国际上各大厂商都进行了尺寸要求的规范工作，形成了相应的尺寸系列。其中在不同国家采用不同的单位基准，主要有公制和英制，对应关系见表 1-5。

表1-5　常见贴片元件尺寸

单位（英制）	0201	0402	0603	0805	1008	1206	1210
单位（公制）	0.6×0.3	1.0×0.5	1.6×0.8	2.0×1.25	2.5×2.0	3.2×1.6	3.2×2.5

注：1. 此处的 0201 表示 0.02in×0.01in，其他相同。

2. 在材料中还有其他尺寸规格，例如 0202、0303、0504、1808、1812、2211、2220 等，但是在实际中使用范围并不广泛，所以不做介绍。

3. 实际应用中对尺寸的称呼会有所不同，一般情况下使用英制单位较多，例如一般在工作中会说用的是 0603 的电阻器，也有时使用公制单位，例如说用 1608 的电阻器。

（2）贴片电阻参数识别

贴片电阻的功率有 1/32W、1/20W、1/16W、1/8W、1/10W、1/4W、1/2W、1W。贴片电阻的封装与功率和电压的关系见表 1-6。

表1-6 常用封装形式与功率和电压对应关系

封装形式		70℃时额定功率/W	最高工作电压/V
英制/in	公制/mm		
0105	0402	1/32	15
0201	0603	1/20	25
0402	1005	1/16	50
0603	1608	1/10	50
0805	2012	1/8	150
1206	3216	1/4	200
1210	3225	1/4	200
2010	5025	1/2	200
2512	6432	1	200

贴片电阻的标准阻值有 E24、E96 系列，阻值范围为 0.1Ω~20MΩ，贴片电阻器的阻值允许偏差有 ±1%、±2%、±5%、±10%，最常用的是 ±1% 和 ±5%。

贴片电阻的阻值通常以数字形式直接标注在电阻器本体上，可以根据电阻表面印刷的数字来读取阻值和精确度。

1）三位数字表示法。这种表示方法的前两位数字代表电阻值的有效数字，第三位数字表示在有效数字后面应添加"0"的个数。例如：

330 表示 33Ω

221 表示 220Ω

683 表示 68000Ω，即 68kΩ

105 表示 1MΩ

当电阻小于 10Ω 时，在代码中用 R 表示电阻值小数点的位置，这种表示法通常用于阻值允许偏差为 ±5% 电阻系列中。例如：

6R2 表示 6.2Ω

R47 表示 0.47Ω

2）四位数字表示法。这种表示法的前三位数字代表电阻值的有效数字，第四位数字表示在有效数字后面应添加"0"的个数。例如：

1473 表示 147000Ω，即 147kΩ

4992 表示 49900Ω，即 49.9kΩ

1000 表示 100Ω；0100 表示 10Ω

9001 表示 9000Ω

当电阻小于 10Ω 时，代码中仍用 R 表示电阻值小数点的位置，这种表示方法通常用于阻值允许偏差为 ±1% 的精密电阻器中。例如：

0R56 表示 0.56Ω

9R00 表示 9Ω

R100 表示 0.1Ω

⚙ 【重要提醒】

贴片电阻0201/0402由于面积太小，通常上面不印字。0603、0805、1206、1210、1812、2010、2512上面印有三位数或者四位数。阻值代码三位数代表允许偏差为±5%，四位数代表允许偏差为±1%。

📝 【经验分享】

阻值识别规则为第一、二位表示元件值有效数字，第三位表示有效数字后应乘的位数。它的允许偏差应在材料的生产厂商编码中用误差代码来标注。

【练一练】

请写出下列贴片电阻的电阻值。

标　　注	电 阻 值	标　　注	电 阻 值	标　　注	电 阻 值
470		1R0		4700	
224		R20		1004	
103		4m7		68R0	

5. 色环电阻的识别

在电阻器上用不同颜色的色环来表示不同的标称阻值和允许偏差（允许误差）。常用的色环电阻分为四色环电阻和五色环电阻，精确度更高的还有六色环电阻。

（1）四色环电阻

四色环电阻用三个色环来表示其阻值（前两个色环表示有效值，第三个色环表示倍率），第四个色环表示允许偏差，如图1-10所示。

第一环：有效数字第一位
第二环：有效数字第二位
第三环：倍率
第四环：允许偏差

有效值　倍率　允许偏差

图1-10　四色环电阻标注方法

四色环电阻器色标-数码对照见表1-7。

表1-7　四色环电阻器色标-数码对照表

颜色	无	银	金	黑	棕	红	橙	黄	绿	蓝	紫	灰	白
第一位有效值				0	1	2	3	4	5	6	7	8	9
第二位有效值				0	1	2	3	4	5	6	7	8	9
第三位倍乘		10^{-2}	10^{-1}	10^{0}	10^{1}	10^{2}	10^{3}	10^{4}	10^{5}	10^{6}	10^{7}	10^{8}	10^{9}
第四位允许偏差/%	±20	±10	±5										

表 1-7 可以用以下的口诀来记忆。四色环电阻的阻值识读方法如图 1-11 所示。

色环口诀

棕一红二橙是三，黄四绿五蓝为六；

紫七灰八白对九，剩下一个黑为零；

金五银十无色廿，读准色环就计算。

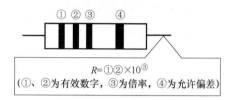

$$R = ①②×10^③$$
（①、②为有效数字，③为倍率，④为允许偏差）

图 1-11　四色环电阻识读方法

（2）五色环电阻

五色环电阻是指用五色色环表示阻值的电阻，如图 1-12 所示。五环电阻为精密电阻，第一道色环表示阻值的最大一位数字；第二道色环表示阻值的第二位数字；第三道色环表示阻值的第三位数字；第四道色环表示阻值的倍乘数；第五道色环表示允许偏差。

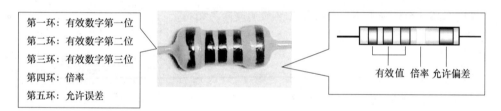

第一环：有效数字第一位
第二环：有效数字第二位
第三环：有效数字第三位
第四环：倍率
第五环：允许误差

有效值　倍率　允许偏差

图 1-12　五色环电阻标注方法

五色环电阻器色标-数码对照见表 1-8。

表 1-8　五色环电阻器色标-数码对照表

颜色	无	银	金	黑	棕	红	橙	黄	绿	蓝	紫	灰
第一位有效值				0	1	2	3	4	5	6	7	8
第二位有效值				0	1	2	3	4	5	6	7	8
第三位有效值				0	1	2	3	4	5	6	7	8
第四位倍乘		10^{-2}	10^{-1}	10^0	10^1	10^2	10^3	10^4	10^5	10^6	10^7	10^8
第五位允许偏差/%	±20	±10	±5		±1	±2			±0.5	±0.25	±0.1	±0.05

【技巧点拨】

五色环电阻器识读与四色环电阻器的识读步骤及方法基本一致。第一、二、三环表示元件值有效数字，第四环表示有效数字后应乘的位数，第五环表示允许偏差，如图 1-13 所示。

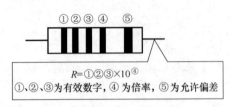

$$R=①②③×10^④$$

①、②、③为有效数字，④为倍率，⑤为允许偏差

图1-13　五色环电阻器识读

📝【经验分享】

色环电阻识读技巧

色环排列顺序如下：一般情况下最后一环为金色或银色，如果不是金色和银色，则最后一环的宽度是其他环的两倍。

1) 金、银不开头。解释：金色或银色环不会作为第一环。

2) 黄、橙、灰、白不结尾。解释：若某端环是黄、橙、灰、白色，则一定是第一环。

3) 第一环距端部较近。

4) 末环（允许偏差环）与其他几环的间隔距离稍远，且允许偏差环较宽，宽度是其他环的两倍，如图1-14所示。

5) 五色环电阻，末环（允许误差环）一般是棕色。解释：也有可能是金、银、棕、红、绿色。

6) 四色环电阻，末环（允许误差环）一般是金色或银色。解释：特殊电阻末环为无色，即三色环。

7) 有效数字无金、银色。解释：若从某端环数起第一、二环有金或银色，则另一端环是第一环。

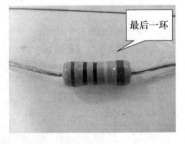

最后一环

图1-14　最后一环的宽度是其他环的两倍

8) 试读，一般成品电阻器的阻值不大于22MΩ，若试读大于22MΩ，则说明读反了。

9) 试测。用上述还不能识别时可进行测试，但前提是电阻器必须完好。

注意，有些厂商的电阻器不严格按第1)、2)、3)、4) 条生产，以上各条应综合考虑。

【练一练】

(1) 由色环写出阻值及允许偏差

编　　号	色　　环	阻值及允许偏差
1	棕黑黑金	
2	棕黑绿金	

（续）

编　号	色　环	阻值及允许偏差
3	蓝灰橙银	
4	黄紫橙银	
5	棕黑黑棕棕	
6	棕黄紫金棕	
7	红黄黑金	
8	紫绿红银	
9	红紫黄棕	
10	绿棕棕金	

（2）由电阻值及允许偏差写出色环

编　号	阻值及允许偏差	色　环
1	0.5Ω，±5%	
2	1Ω，±5%	
3	470Ω，±5%	
4	1kΩ，±1%	
5	1.8Ω，±10%	
6	2.7kΩ，±10%	
7	24kΩ，±10%	
8	100kΩ，±10%	
9	150kΩ，±10%	
10	274kΩ，±10%	

6. 排阻

排阻即网络电阻器，是将若干个参数完全相同的电阻集中封装在一起，组合制成的电阻器。使用排阻比使用若干只固定电阻更方便。

常用排阻有 A 型和 B 型的区别。

1）A 型排阻的引脚总是奇数的。即将所有电阻的其中一个引脚都连在一起作为公共引脚，其余引脚正常引出。所以如果一个排阻是由 n 个电阻构成的，那么它就有 $n+1$ 个引脚。

2）B 型排阻的引脚总是偶数的。它没有公共端，常见的排阻有四个电阻，所以引脚共有八个。SMD 排阻安装体积小，目前已在多数场合中取代了 SIP 排阻。常用的 SMD 排阻有 8P4R（8 引脚 4 电阻）和 10P8R（10 引脚 8 电阻）两种规格。

【经验分享】

　　寻找排阻共用端方法是在排阻上一般用一个色点（一般为白色、黑色或黄色的点）标出来，如图1-15所示。常见的排阻有四、七、八个电阻，所以引脚共有五或八或九个。一般来说，排阻最左边的那个引脚是公共引脚。

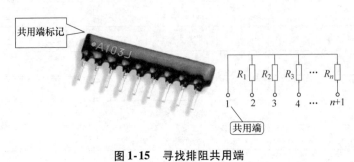

图 1-15　寻找排阻共用端

　　3）排阻阻值识别。排阻的阻值通常标注在电阻体表面。排阻阻值的表示方法与电阻器中的三位数表示法和四位数表示方法相同。

【重要提醒】

　　排阻数字后面的第一个英文字母代表允许偏差，常见的是 G = 2%，F = 1%，D = 0.25%，B = 0.10%，A 或 W = 0.05%，Q = 0.02%，T = 0.01%，V = 0.005%。

【经验分享】

　　有些排阻内有两种阻值的电阻，在其表面会标注出这两种电阻值，如 220Ω/330Ω，所以 SIP 排阻在应用时有方向性，应注意。

　　通常，SMD 排阻是没有极性的，不过有些类型的 SMD 排阻由于内部电路连接方式不同，在应用时还是需要注意极性的，如 10P8R 型 SMD 排阻的①、⑤、⑥、⑩引脚内部连接不同，有 L 和 T 形之分。L 形的①、⑥引脚相通；T 形的⑤、⑩引脚相通。在使用 SMD 排阻时，最好确认一下该排阻表面是否有①引脚的标注。

7. 电位器

　　电位器是阻值可按某种变化规律调节的电阻元件，通常由电阻体与转动或滑动系统组成，即靠一个动触头在电阻体上移动，获得一定的电阻值。由于它在电路中的作用是获得与输入电压（外加电压）成一定关系的输出电压，因此称为电位器。常用电位器的实物外形如图1-16所示。

　　比较常用的碳膜电位器主要由马蹄形电阻片和滑动臂构成，随滑动触头的位置改变，就可以达到改变电阻值的目的，如图1-17所示。电位器符号两边的短线表示电阻体两端的引出焊片，带箭头的折线代表电阻体上的滑动触头，电位器的文字符号常用字母"RP"来表示。在电位器的外壳上，通常会标注其规格及型号。

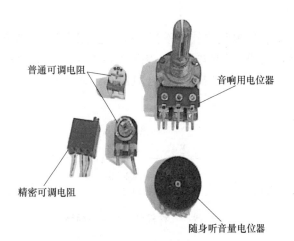

图 1-16　常用电位器的实物外形

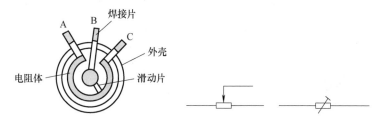

图 1-17　碳膜电位器的结构及符号

【知识窗】

　　数字电位器与机械式电位器的区别为，在调整过程中，数字电位器的电阻值不是连续变化的，而是在调整结束后才具有所希望的输出，如图 1-18 所示。这是因为数字电位器采用 MOS 管作为开关电路，并且采用"先开后关"的控制方法。

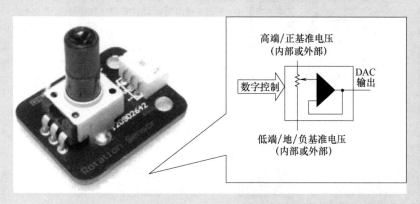

图 1-18　数字电位器

8. 敏感电阻器

在电阻器家族中，除普通电阻器外，还有一些敏感电阻器，例如热敏电阻器、光敏电阻器、湿敏电阻器、气敏电阻器、力敏电阻器、磁敏电阻器等，其主要特性及种类简介见表1-9。图1-19所示为较常用的压敏电阻器、热敏电阻器和光敏电阻器的文字符号、图形符号及外形。

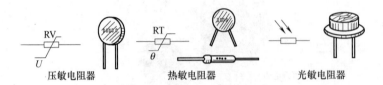

图1-19　几种较常用敏感电阻器

表1-9　几种敏感电阻器简介

名　称	实　物　图　示	主　要　特　性	种　类
热敏电阻器		将温度信号转换成电信号，其电阻值随温度升高（降低）显著变小（大）	可分为正温度系数和负温度系数两种
光敏电阻器	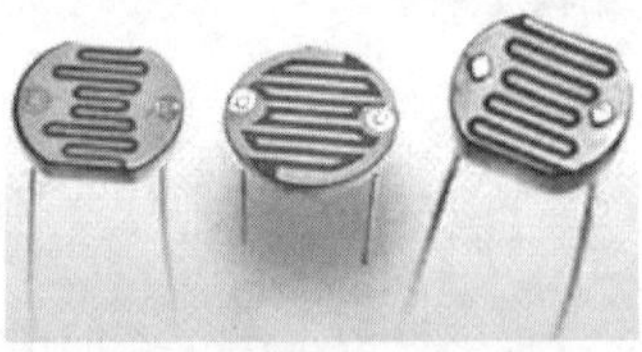	其阻值与光的照射强度有关，当光照强度变大（变小）时，光敏电阻器的阻值显著减小（增大）	按光谱特性不同，可分为紫外光敏电阻器、红外光敏电阻器等
湿敏电阻器		利用湿敏材料吸收空气中的水分而导致本身电阻值发生变化这一原理制成。湿度变化时其电阻值会发生明显变化	工业上流行的湿敏电阻器主要有半导体陶瓷湿敏电阻器、氯化锂湿敏电阻器、有机高分子膜湿敏电阻器等
气敏电阻器		气敏电阻器与其处在某种气体中的浓度有关，当气体浓度稍微增大（减小）时，其电阻值会明显减小（增大）	主要有金属氧化物气敏电阻器、复合氧化物气敏电阻器、陶瓷气敏电阻器等

（续）

名　　称	实物图示	主要特性	种　　类
力敏电阻器		力敏电阻器是一种阻值随压力变化而变化的电阻器	主要有硅力敏电阻器、硒碲合金力敏电阻器等
磁敏电阻器		其阻值与所处磁场的磁感应强度大小及方向有关，当磁场的方向及强度稍微增大（减弱）时，电阻值明显变大（减小）	可分为半导体磁敏及强磁性金属薄膜磁敏电阻器两大类

1.1.2　电容器识别与应用

1. 电容器简介

任何两个彼此绝缘又相距很近的导体，就可以组成一个电容器。当在两金属电极间加上电压时，电极上就会存储电荷，所以电容器是储能元件。

电容器的容量大小表示电容器存储电荷的能力，它是电容器的重要参数，不同电路功能会选择不同容量大小的电容器。

电容器通常用大写字母 C 表示。电容单位有法拉（F）、微法拉（μF）、皮法拉（pF），它们的关系为

$$1F = 10^6 \mu F = 10^{12} pF$$

【重要提醒】

电容器和电容是两个不同的概念。电容器是一种电子元件，电容器容纳电荷的能力称为电容量，简称电容。电容器必须在外加电压的作用下才能储存电荷。不同的电容器在电压作用下储存的电荷量也不同。

电阻的基本单位是小单位（Ω），而电容和电感的基本单位是大单位（F、H）。常用单位在相邻单位之间是千进制。

电容器的种类很多，其主要种类见表 1-10。

表 1-10　电容器的种类

序　　号	分类方法	种　　类
1	按结构分	固定电容器、可变电容器和微调电容器
2	按电解质分	有机介质电容器、无机介质电容器、电解电容器和空气介质电容器等
3	按用途分	高频旁路电容器、低频旁路电容器、滤波电容器、调谐电容器、高频耦合电容器、低频耦合电容器、小型电容器

（续）

序　号	分类方法	种　类
4	按制造材料分	瓷介电容器、涤纶电容器、电解电容器、钽电容器，还有先进的聚丙烯电容器
5	按安装工艺分	贴片电容器、插件电容器

电容器的参数比较多，这里介绍几种常用的参数，见表 1-11。

表 1-11　电容器的参数及含义

参　数	含　义
标称电容量及允许偏差	标称电容量分为许多系列，常用的是 E6、E12、E24 系列。其中，E6 系列的最大允许偏差为 ±20%，偏差等级为Ⅲ级；E12 系列的最大允许偏差为 ±10%，偏差等级为Ⅱ级；E24 系列的最大允许偏差为 ±5%，偏差等级为Ⅰ级。通常情况下，电容器的容量越小，允许偏差越小
额定工作电压	在常温常压状态下，能够长期加在电容器上而不损坏电容器的最大直流电压或交流电压的有效值称为额定工作电压。电容器的额定工作电压是一个非常重要的参数，在使用中，如果工作电压大于电容器的额定电压，则会损坏电容器。如果电路故障造成加在电容器上的工作电压大于它的额定电压时，则电容器将会被击穿
电容温度系数	一般情况下，电容器的电容量是随温度变化而变化的，电容器的这一特性用温度系数来表示。温度系数有正、负之分，正温度系数电容器表明电容量随温度升高而增大，负温度系数电容器则是随温度升高而电容量下降。使用时希望电容器的温度系数越小越好。当电路工作对电容的温度有要求时，应采用温度补偿电路
漏电流	当电容器加上直流电压时，在一定的工作温度和电压条件下，总有一定的电流会通过电容器，称为电容器的漏电流。一般来说，电解电容器的漏电流较大，陶瓷电容器、云母电容器等的漏电流较小

2. 常用的电容器的识别

（1）铝电解电容器

铝电解电容器是由铝圆筒做负极，里面装有液体电解质，并插入一片弯曲的铝带做正极而制成的。

电解电容器的内部有储存电荷的电解质材料，分正、负极性。电解电容器属于有极性元件，在电路中正、负极不允许反接，否则容易击穿损坏，如图 1-20 所示。

电解电容器电容值的辨认非常容易。因为生产厂商将容量及单位都印在电容的封套上，并且还印有工作电压、允许偏差、温度系数等，如图 1-21 所示。

电解电容器的引脚有极性之分

图 1-20　铝电解电容器

（2）瓷片电容器

瓷片电容器又称陶瓷电容器，是用陶瓷作为电介质，在陶瓷基体两面喷涂银层，然后经低温烧成银质薄膜作为极板而制成的。它的外形以片式居多，也有管形、圆形等形状，如图 1-22 所示。

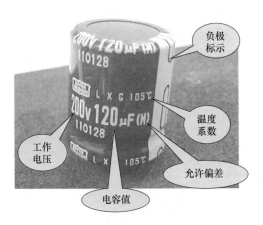

图 1-21　电解电容器参数的识别

相比电解电容器，多层陶瓷电容器拥有低成本、高可靠性、长寿命和小尺寸等优势

图 1-22　瓷片电容器

陶瓷电容器根据使用电压不同可分为高压、中压和低压陶瓷电容器；根据温度系数不同，可分为负温度系数、正温度系数、零温度系数电容器；根据介电常数不同，可分为高介电常数、低介电常数等。

陶瓷电容器是最常用的一类电容器，其性能稳定，可适用的频率广泛，体积易小型化。元件表面有丝印，无极性。

电容值的识别规则如下：第一、二位表示元件值有效数字，第三位表示有效数字后应乘的位数。允许偏差也在丝印上有体现，并且部分生产厂商将温度系数也印在元件本体上。其基本单位是 pF。

图 1-23 所示瓷片电容器的丝印为 561K，读取其元件值如下：第一、二位 × 第三位 = 56 × 10 = 560pF；K 表示允许偏差为 10%；B 代表温度系数。

（3）聚酯电容器

聚酯电容器的材质为聚酯薄膜，外观有绿色、红褐色和透明的。薄膜材料有聚丙烯和聚乙烯两种，绿色和透明的一般为聚乙烯材料制成的，红褐色一般为聚丙烯材料制成的。性能上聚丙烯优于聚乙烯。表面有丝印，无极性，如图 1-24 所示。

图 1-23　瓷片电容器的识别

图 1-24　聚酯电容器

小容量聚酯电容器的电容值识别规则如下：第一、二位表示元件值有效数字，第三位表示有效数字后应乘的位数。允许偏差也在丝印上有体现，并且印有工作电压。基本单位为 pF。

图 1-25 所示聚酯电容器的丝印为 104K，读取其元件值如下：第一、二位 × 第三位 = 10 ×

$10000 = 100000pF = 0.1\mu F$;K 表示允许偏差为 10% ,100V 表示工作电压为 100V。

大容量聚酯电容器的材质为聚酯薄膜,外观上呈方形,有蓝色和黑色,薄膜材料为聚乙烯,表面有丝印,无极性,容量比较大,一般为微法级,工作电压比较高,一般在交流 220V 以上。

大容量聚酯电容器的电容值识别规则如下:第一、二位表示元件值有效数字,第三位表示有效数字后应乘的位数,且印有工作电压,基本单位为 μF。

图 1-26 所示大容量聚酯电容器的丝印为 100,读取其元件值如下:第一、二位 × 第三位 $= 10 \times 1 = 10\mu F$,250V ~ 表示工作电压为交流 250V。

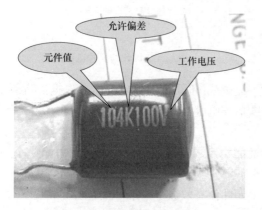

图 1-25 聚酯电容器的识别

图 1-26 大容量聚酯电容器的识别

(4)安全电容器

安全电容器是一类比较特殊的电容器,当电容器失效后,不会导致电击,不危及人身安全,通常只在抗干扰电路中起滤波作用。它们用在电源滤波器里,起到电源滤波作用,分别对共模、差模干扰起滤波作用。出于安全考虑和 EMC 考虑,一般在电源入口建议加上安全电容器。

安全电容器分为 X 型和 Y 型,如图 1-27 所示。交流电源输入分为三个端子,即相线 L/零线 N/地线 G。跨于 L-N,即相线-零线之间的是 X 电容器;跨于 L-G/N-G,即相线-地线或零线-地线之间的是 Y 电容器。

安全电容器表面有丝印,无极性,印有各类安全认证标志。

安全电容器的电容值识别规则如下:第一、二位表示元件值有效数字,第三位表示有效数字后应乘的位数,且印有允许偏差和工作电压,基本单位为 pF。

图 1-28 所示安全电容器的丝印为 222M,读取其元件值如下:第一、二位 × 第三位 $= 22 \times 100 = 2200pF$;M 表示允许偏差为 20%;250V ~ 表示工作电压为交流 250V。

3. 电容器容量的识别

电容器的容量标注法有直标法、数字表示法、数字字母法和色标法四种。

(1)直标法

直标法是将标称容量及偏差直接标在电容器上,如图 1-29 所示。大多数电解电容器的容量标注都是采用这种表示法,许多瓷片电容器、涤纶电容器也是采用这种表示法。若电容器的容量是零点零几,常将整数位的"0"省去。如".01μF"表示 0.01μF。

a) X型

b) Y型

图1-27 安全电容器

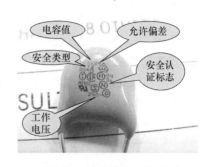

图1-28 安全电容器的识别

图1-29 直标法示例

（2）数字法

数字表示法是只标数字不标单位的直接表示法。常用的有三位数表示法和四位数表示法。采用此方法的仅限 pF 和 μF 两种单位电容器。

在三位数表示法中，用三位整数表示电容器的标称容量，再用一个字母来表示允许偏差，如图1-30所示。其中，第一、第二位为有效值数字，第三位表示倍数，即表示有效值后"0"的个数，其单位为 pF。如"103"表示 $10 \times 10^3 \text{pF}$（$0.01 \mu\text{F}$），即最后位为 10 的指数，这与数字表示电阻值的方法是一样的。

图1-30 电容器三位数表示法

在四位数表示法中，用四位整数表示电容器的标称容量，其单位为 pF，如 5100pF、6800pF 等。

（3）数字字母法

用 2~4 位数字表示有效值，用 P、n、M、μ、G、m 等字母表示有效数后面的量级。进口电容器在标注数值时不用小数点，而是将整数部分写在字母之前，将小数部分写在字母之后。如 4P7 表示 4.7pF，3m3 表示 3300μF 等。有些电容器也采用"R"表示小数点，如 R47μF 表示 0.47μF。

（4）色标法

其标志的颜色符号的含义与电阻器的相同，容量单位为 pF。对于立式电容器，色环顺序从上而下，沿引线方向排列。如果某个色环的宽度等于标准宽度的 2 或 3 倍，则表示相同颜色的有 2 个或 3 个色环。有时小型电解电容器的工作电压也采用色标表示，如 6.3V 用棕色、10V 用红色、16V 用灰色，而且应标志在引线根部。

4. 电容器容量允许偏差标的识别

电容器容量允许偏差通常用字母来表示，允许偏差字母的含义见表 1-12。例如，104K 表示容量 100000pF = 0.1μF，容量允许偏差为 ±10%。

表 1-12　电容器允许偏差字母的含义

字母	D	F	G	J	K	M	N
允许偏差	±0.5%	±1%	±2%	±5%	±10%	±20%	±30%
精度等级	005 级	01 级	02 级	I 级	II 级	III 级	IV 级

5. 电容器耐压的识别

电容器耐压的标注方法有两种：一种方法是直接标注；另一种方法是采用一个数字和一个字母组合而成，如图 1-31 所示。数字表示 10 的幂指数，字母表示数值，单位是 V（伏）。字母与数值的对应关系见表 1-13。

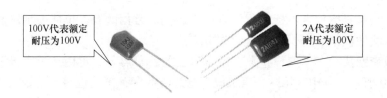

图 1-31　电容器耐压值的标注

表 1-13　字母与耐压数值的对应关系

字母	A	B	C	D	E	F	G	H	J	K	Z
数值	1.0	1.25	1.6	2.0	2.5	3.15	4.0	5.0	6.3	8.0	9.0

例如，2A 代表 $1.0 \times 10^2 = 100V$（即 1.0 乘以 10 的二次幂）；1J 代表 $6.3 \times 10^1 = 63V$；2C 代表 $1.6 \times 10^2 = 160V$。

✎ **【经验分享】**

> 某电容器的标注为 "3A682J"，其含义如下：3A 表示耐压，即 $1.0 \times 10^3 = 1000V$；682 表示电容量，就是 $68 \times 10^2 pF$，即 $0.0068μF$，也就是 6.8nF；J 表示允许偏差为 ±5%。

6. 有极性的电容器正负极的识别

如图 1-32 所示，插件电解电容器外壳标有 " − " 号的引脚为负极，另一个则是正极；两个引脚中，引脚长的是正极，引脚短的是负极。

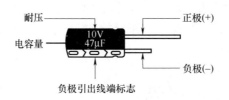

图 1-32　插件电解电容器引脚极性识别

【技巧点拨】

电解电容器的极性可使用万用表电阻档判断，将万用表的两根表笔与电容器两端相连，阻值会由小到大显示，最后趋于无穷大。将表笔反过来再测量一次，阻值会由小到大显示，最后趋于无穷大。阻值增加较快的那次测量，正表笔指示为负极。

---

7. 贴片电容器的识别

贴片电容器具有较高的电容量稳定性，可在 −55 ~ 125℃ 温度范围内工作，具有优良的焊接性和耐焊性，适用于回流炉和波峰焊。

贴片电容器有中高压贴片电容器和普通贴片电容器，系列电压有 6.3V、10V、16V、25V、50V、100V、200V、500V、1000V、2000V、3000V、4000V。

贴片电容器的材料常规分为三种，即 NPO、X7R、Y5V。

贴片电容器的主要类型有陶瓷贴片电容器、贴片纸多层电容器、贴片钽电容器、贴片电解电容器。

（1）陶瓷贴片电容器

陶瓷贴片电容器外观单一，表面没有丝印，也没有极性，其颜色主要有褐色、灰色、淡紫色等，尺寸也有大小不一。陶瓷贴片电容器的基本单位 pF，使用时不存在正负极之分，如图 1-33 所示。

图 1-33　陶瓷贴片电容器的识别

【重要提醒】

陶瓷贴片电容器上没有标注其容量，一般都是在贴片生产时的整盘上有标注。如果是单个的贴片电容器，则可以用电容测试仪或者数字万用表测出它的容量。

（2）贴片纸多层电容器

贴片纸多层电容器为纸质，部分生产厂商生产的元件表面有丝印，外形主要有椭圆形和方形两种。椭圆形一般呈银白有金属光泽、方形呈褐色，一般从侧面能看到纸介质分层情况。如图 1-34 所示，这种电容器没有极性，尺寸有各种大小，但体积一般较大，电容量一般为万 μF 级。

（3）贴片钽电容器

贴片钽电容器为钽介质，表面有丝印，有极性，有多种颜色，主要有黑色、黄色等。钽电容器表面有一条白色丝印用来表示钽电容器的正极，并且在其表面标明有电容值和工作电压，大部分生产厂商还在丝印上加注一些跟踪标记，如图1-35所示。尺寸有各种大小，贴片钽电容器的基本单位是μF。

图1-34 贴片纸多层电容器

图1-35 贴片钽电容器的识别

【重要提醒】

　　贴片钽电容器属于电解电容器中的一类，是有极性的电容器。

　　（4）贴片电解电容器

　　贴片电解电容器材质为电解质，表面有丝印，有极性。从外观上为铝制外壳，上为圆柱形，下为方形。电解电容器表面有一条黑色丝印用来表示电解电容器的负极，并且在丝印上标明有电容值和工作电压，大部分生产厂商还在丝印上加注一些跟踪标记，如图1-36所示。尺寸有各种大小，贴片电解电容器的基本单位是μF。

图1-36 贴片电解电容器的识别

【知识窗】

贴片电容器的命名

　　贴片电容器的命名所包含的参数有贴片电容器的尺寸、材质、允许偏差、电压、容量、端头要求以及包装要求。

　　例如0805CG102J500NT贴片电容器的含义如下：

　　0805是指该贴片电容器的尺寸，用in表示，08表示长度为0.08in，05表示宽度为0.05in。

　　CG表示这种电容器的材质，这种材质一般适用于做小于10000pF以下的电容器。

　　102是指电容器容量，前面两位是有效数字，后面的2表示有两个零，即 10×100，也就是1000pF。

J 是要求电容器的容量值达到的允许偏差为 ±5%，介质材料和允许偏差是配对的。

500 是要求电容器承受的耐压为 50V，同样 500 的前两位是有效数字，后面是指有多少个零。

N 是指端头材料，现在一般的端头都是指三层电极（银/铜层）、镍、锡。

T 是指包装方式，T 表示编带包装。

【练一练】

（1）某电容器标注为"104J"，其电容值及允许偏差是多少？

（2）某电容器上标注为"2A103J"，其含义是什么？

（3）如图 1-37 所示电容器，下列说法错误的是（　　　）。

A. 标注"−"对应的引脚为负极　　　　B. 耐压为 80V，容量为 1000μF

C. 这是一个铝电解电容器　　　　　　D. 这是一个钽电解电容器

（4）如图 1-38 所示，某人在测量电解电容器时出现万用表指针不回归的情况，则表明（　　　）。

A. 电容器无电容量　　　　　　　　　B. 电容器有电容量

C. 测量方法错误　　　　　　　　　　D. 表笔放置错误

图 1-37　练习题 3 图

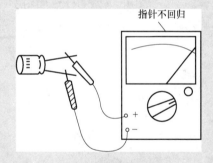

图 1-38　练习题 4 图

1.1.3　电感器识别与应用

1. 电感器简介

电感器是用绝缘导线（如漆包线、纱包线等）绕制而成的电磁感应元件，它能够将电能转化为磁能而存储起来。

电感器的特性与电容器的特性正好相反，它具有"阻交流、通直流"的特性。在电路中，电感器主要起到滤波、振荡、延迟、陷波等作用，还有筛选信号、过滤噪声、稳定电流及抑制电磁波干扰等作用。

电感器的种类见表 1-14。

表1-14　电感器的种类

序　号	分类方法	种　类
1	按电感值分	固定电感、可变电感
2	按导磁体性质分	空心线圈、铁氧体线圈、铁心线圈、铜心线圈
3	按工作性质分	天线线圈、振荡线圈、扼流线圈、陷波线圈、偏转线圈
4	按绕线结构分	单层线圈、多层线圈、蜂房式线圈

电感器电感量的大小主要取决于线圈的圈数（匝数）、绕制方式、有无磁心及磁心的材料等。通常，线圈圈数越多、绕制的线圈越密集，电感量就越大。有磁心的线圈比无磁心的线圈电感量大；磁心磁导率越大的线圈，电感量也越大。

电感量的基本单位是亨利（简称亨），用字母 H 表示。常用的单位还有毫亨（mH）和微亨（μH），它们之间的关系是

$$1H = 1000mH，1mH = 1000μH$$

电感器在电路中有时单独使用，有时则与其他元器件一起构成一个功能电路或单元电路。电感器典型的应用电路有三种，即与电容器构成 LC 串联谐振电路、与电容器构成 LC 并联谐振电路和单独使用时构成滤波电路。

2. 手插电感器的识别

手插电感器主要有空心线圈、铁心线圈、磁心电感、滤波电感、滤波器、浪涌吸收器等，其形状各异，较常用电感器的外形如图 1-39 所示。

固定电感器是一种通用性较强的系列化产品，线圈（往往含有磁心）被密封在外壳内，如图 1-40 所示。

图1-39　常用电感器的外形

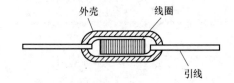

图1-40　典型固定电感器的结构

（1）空心线圈

空心线圈是用圆轴模具将导线在上面绕制成的，然后固定、脱模形成的电感元件，如图 1-41 所示。其电感量因设计圈数和线圈直径的不同而不同。

（2）铁心线圈

铁心线圈是将导线在一定直径的铁心上面绕制成线圈，并且与铁心固定在一起形成的电感元件，如图 1-42 所示。其电感量因设计圈数、线圈和铁心直径的不同而不同，并且在设

计上也与铁心的导磁性能有关。

图 1-41　空心线圈

图 1-42　铁心线圈

（3）磁心线圈

磁心线圈是将导线在一定尺寸要求的环形磁心上面绕制成线圈，并且与磁心固定在一起形成的电感元件，如图 1-43 所示。其电感量因设计圈数、线圈和磁心尺寸的不同而不同，并且在设计上也与磁心的导磁性能有关。

（4）滤波器

滤波器是将两个完全相同的线圈绕制在同一个磁心上，并利用电感和磁心本身的频率特性对信号中不同频率的杂波进行滤除的元件，如图 1-44 所示。滤波器的最大优点是在滤除杂波的同时能有效地将信号中无用的直流信号完全隔离。

图 1-43　磁心线圈

图 1-44　滤波器

（5）滤波电感器

滤波电感器是将线圈绕制在特殊的磁环上，利用线圈和磁心的频率特性滤除特殊频率的无用杂波的元件，如图 1-45 所示。这类电感器磁心的特殊性在于很多都不是单孔，而是有两个或两个以上的孔，因为这个区别，所以它与磁心线圈有所不同。

（6）浪涌吸收器

浪涌吸收器是一类特殊的电感元件，如图 1-46 所示。浪涌吸收器具有特殊的滤波特性，能够将电路中产生的脉冲谐波吸收和滤除。

因为电路中存在变压器等耦合型元件，所以在电源开启和关闭时会产生脉冲型的有害谐波，并且此谐波会像波浪一样一个接一个地产生，波形如同浪涌，所以这种元件被称为浪涌吸收器。

图1-45　滤波电感器

图1-46　浪涌吸收器

手插电感器的电感量的标注有直标法、文字符号法、数码法和色标法四种，见表1-15。

表1-15　电感量的标注方法

序号	标注方法	解　说	举　例	识　读
1	直标法	直接将电感量标在电感器外壳上，并同时标有允许偏差		电感量为220μH
2	文字符号法	用文字符号表示电感器的标称容量及允许偏差，当其单位为μH时用"R"作为电感器的文字符号，其他与电阻器的标法相同		电感量为4.7μH 允许偏差为±10%
3	数码法	电感器的数码标示法与电阻器一样，前面的两位数为有效数字，第三位为倍乘，单位为μH		电感量为6800μH 允许偏差为±20%
4	色标法	通常为四色环，色环电感器中的前面两条色环代表有效值，第三条色环代表倍乘，第四色环为允许偏差，色环电感器识别方法与电阻器相同		电感量为1mH 允许偏差为±5%

【重要提醒】

电感器电感量的允许偏差采用百分数表示为 ±5% （Ⅰ）、±10% （Ⅱ）、±20% （Ⅲ），用文字符号 J 表示 ±5%，K 表示 ±10%，M 表示 ±20%。

【经验分享】

色环电感器与色环电阻器的区分法

色环电阻器与色环电感器的形状及外观比较接近，在使用时容易混淆，但从外观上还是可以区分出来的。下面介绍三种识别方法。

1）颜色。色环电感器一般是绿色的，而电阻器一般是蓝色或者米黄色的。

2）外形。电感器的外形是两端和中间粗细差不多，并且两端连接引线的地方是逐渐变细的。电阻器的外形是两头大、中间细，连接引线的地方不像电感器那么尖。另外，电感器要比同等长度的普通电阻器粗一些。

色环电阻器的色环排布不均匀，第三色环和第四色环之间的距离比其他相邻色环之间的距离宽很多，而色环电感器的色环排布比较均匀，如图 1-47 所示。

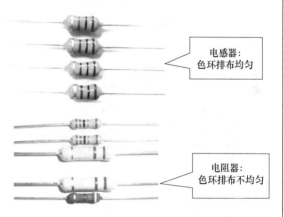

电感器：色环排布均匀

电阻器：色环排布不均匀

图 1-47　色环电阻器与色环电感器的色环排布

3）用万用表测量时，一般电感器阻值很小，有的只有零点几欧，而普通电阻器一般没有这么小的数值（低阻值的电阻器除外）。

3. 贴片电感器的识别

贴片电感器主要有贴片绕线电感器和贴片叠层电感器两种。

（1）贴片绕线电感器

贴片绕线电感器是将导线绕制在磁心或瓷心上并将引脚引出焊盘的元件，如图 1-48 所示。这类型的电感器因为其独特的构造和线圈技术，实现了低直流阻抗和高允许电流。

贴片绕线电感器的表面印有丝印，元件本身无极性。其表面丝印有两种形式，即数字丝印和色点丝印，尺寸有各种大小。

贴片绕线电感器的基本单位如下：

1）当电感元件值丝印为数字标记时，基本单位为 μH；

2）当电感元件值丝印为色点标记时，基本单位为 nH。

贴片绕线电感器的电感值识别规则为：数字

图 1-48　贴片绕线电感器

丝印的贴片绕线电感器，第一、二位表示元件值有效数字，第三位表示有效数字后应乘的位数。如图1-49a所示，电感器的丝印为100，读取其元件值，即第一、二位×第三位 = $10 \times 1 = 10\mu H$。

色点丝印的贴片绕线电感器，将色点密集的一边朝向自己的左边，靠近自己的两个色点从左至右代表元件值的第一、二位有效数字，远离自己的一点为有效数字后应乘的位数。如图1-49b所示，电感的丝印为红红红，读取其元件值，即第一、二位22×第三位2 = 22×100 = 2200nH = 2.2μH。

（2）贴片叠层电感器

叠层片式铁氧体电感器是指形状类似陶瓷贴片电容器或者贴片电阻器那样多层结构的电感器。这类贴片电感器是非绕线式电感器，尺寸可以做得非常小，最小封装可以做到$1.0mm \times 0.5mm \times 0.5mm$（长宽高），大尺寸叠成电感器感量可以做到330μH，其基材为铁氧体材料，如图1-50所示。

红点

a) 数字丝印　　　　　b) 色点丝印

图1-49　贴片绕线电感器的电感值识别

图1-50　贴片叠层电感器

贴片叠层电感器的基本单位是nH。

【经验分享】

贴片叠层电感器从外观上看与贴片电容器的区别很小，区分的方法是贴片电容器有多种颜色，其中有褐色、灰色、紫色等，而贴片电感器只有黑色一种。

在实际应用中，叠层电感器其实也可以替代绕线电感器使用，但是在操作时重要注意以下两点：首先，叠层电感器在替代绕线电感器时，叠层电感器的参数要比绕线电感器的参数更高；其次，要注意叠层电感器与绕线电感器的区别，即

1）叠层的散热性更好，ESR值更小，但允许电流较绕线小；

2）绕线的散热性不如叠层，ESR值更高，但允许电流更大；

3）叠层的成本比绕线低。

【重要提醒】

以上电阻器、电容器和电感器三类元件是构成电子线路的基本元件，也是电子学中最重要的元件，是电子线路中必不可少的。用电阻器、电容器和电感器的组合可以完成所有其他元件的全部功能。

【练一练】

（1）电感线圈的作用是什么？

（2）每一只电感线圈都具有一定的电感量。我们如果将两只或两只以上的电感线圈串联起来使用，那么其总电感量是如何变化的？

（3）请指出图 1-51 所示四个电感器的电感量是多少？

图 1-51　练习题 3 图

1.1.4　变压器识别与应用

1. 变压器简介

变换电能以及将电能从一个电路传递到另一个电路的静止电磁装置称为变压器。变压器的主要功能有电压变换、电流变换、阻抗变换、隔离、稳压（磁饱和变压器）等。

变压器由铁心（或磁心）和线圈组成，线圈有两个或两个以上的绕组，其中接电源的绕组叫一次绕组（也称为初级线圈），其余的绕组叫二次绕组（也称为次级线圈）。最简单的铁心变压器由一个软磁材料制成的铁心及套在铁心上的两个匝数不等的线圈构成，图 1-52 所示为电源变压器的外形及符号。

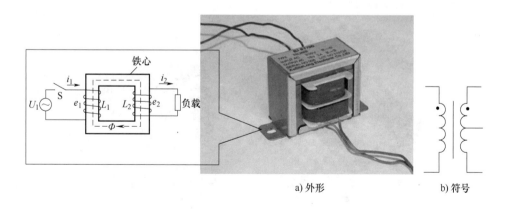

a) 外形　　　　　　　　　　b) 符号

图 1-52　变压器的外形及符号

变压器铁心的作用是加强两个线圈间的磁耦合。为了减少铁心内涡流和磁滞损耗，铁心由涂漆的硅钢片叠压而成。

变压器一次、二次绕组均用用漆包线绕制而成。一次、二次绕组之间没有电的联系。

变压器按用途可以分为电力变压器和特殊变压器（电炉变、整流变、工频试验变压器、调压器、矿用变、音频变压器、中频变压器、高频变压器、冲击变压器、仪用变压器、电子变压器、电抗器、互感器等）。

2. 电源变压器的应用

变压器的出现已经有100多年的历史了，电子产品中变压器的种类见表1-16。

表1-16　变压器的种类

序号	分类方法	种　类
1	按工作频率分类	工频（低频）变压器、中频变压器、音频变压器、超音频变压器、高频变压器
2	按用途分类	电源变压器、音频变压器、脉冲变压器、开关电源变压器、特种变压器
3	按照安装方式分类	插针式变压器、引线骑马夹式变压器
4	按防潮方式分类	开放式变压器、密封式变压器、树脂包封式变压器
5	按照变压系数分类	升压式变压器、降压式变压器
6	按照组数分类	双绕组变压器、多绕组变压器
7	按照绝缘等级分类	A级绝缘变压器、E级绝缘变压器、B级绝缘变压器、F级绝缘变压器、H级绝缘变压器
8	按铁心结构分类	壳式变压器（如EI型插片铁心变压器，F型）、心式变压器（如R型变压器）、环形变压器

下面介绍几种常用的变压器。

（1）EI型变压器

EI型变压器如图1-53a所示，这是在电子产品中最为常用和多见的电源变压器，它的优点是加工制作容易，绕制方便，成本低廉，抗饱和性能好。其缺点为漏磁大，同功率下的体积重量偏大，转换效率相对较低。

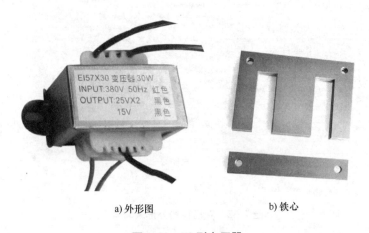

a) 外形图　　　　　　b) 铁心

图1-53　EI型变压器

图1-53b所示EI变压器的铁心是由"E"形片和"I"形片叠加起来的，因此叫做EI型变压器。EI型变压器一般是工频（低频）变压器（50Hz或60Hz）、电源变压器，某些音

频变压器也是 EI 型的，如音响上用的。

功放机中采用的 EI 型变压器在音色上的声音走向为厚重浓郁、温暖醇和，音场层次、细节解析力一般。当采用特殊的分层分段绕制方法（即发烧绕制法）后，在细节和解析力上有显著提高，而且高频的幼细延伸感也非常出色，有别于其他类型的电源变压器。如果在使用过程中再针对其缺点增加部分辅助改良措施，例如增加屏蔽罩，采用优质铁心和无氧铜线，科学合理的绕制方法等，那么这一最原始古老的电子器件仍是非常出色的。许多世界名机（例如麦景图）等一直在坚持沿用这一传统元件。经典的胆机制作也一直在沿用它。

（2）环形变压器

如图 1-54 所示，环形变压器的铁心是用优质冷轧硅钢片无缝卷制而成的，效率高，铜损与铁损均小于 EI 型变压器。

a) 外形图　　　　　　　　b) 铁心

图 1-54　环形变压器

环形变压器的主要优点是辐射场较低和效率较高，在尺寸和重量减半的情况下，能够达到给定的容量，如果使用容量稍大一些的变压器，则其温度可以降低。中心孔固定方式使环形变压器很容易安装在印制电路板上，如图 1-55 所示。环形变压器具有高度的灵活性，可根据机箱与整体装配的要求设计变压器的尺寸。由于制作环形变压器不需要冲模，也不需要线圈骨架注塑模具，所以生产周期短，适用于中小批量生产，能够满足当代电子设备不断改型的需要。

由于环形变压器具有低噪声特性，因此许多生产厂商将它用于高保真度音响设备和视频显示终端、功率放大器、电子试验仪和通用设备中。

图 1-55　环形变压器的固定方法

环形变压器在音色走向上为清爽亮丽、刚劲，音场层次、细节解析力、速度感优于 EI 型。但在中频的厚声温暖感上要逊色于 EI 型。由于环形变压器具有一些优异的性能特点，因此被广泛应用于各种档次的功放之中。

（3）R 型变压器

R 型变压器是 20 世纪 90 年代后开发出来的一种性能更为优秀的品种，如图 1-56 所示。

其铁心系采用宽窄不一的优质取向冷轧硅钢带卷制成腰圆形，而且截面呈圆形，不用切割即可绕制。因此制造的变压器无噪声、漏磁小、空载电流小、铁损低、效率高；并且由于线圈是圆柱形，每圈的铜线长度较短，所以内阻小、铜耗低、温升低、过载波动小，爆发力比环形变压器还好。另外，一次、二次侧线圈采用阻燃 PBT 工程塑料制成的骨架分别绕制，抗电强度高，阻燃性好。

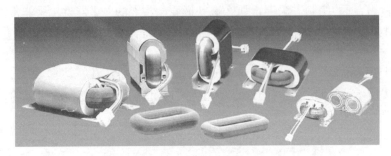

图 1-56　R 型变压器

R 型变压器的空载损耗很低，能满足目前人们对电器、电子产品电源部分日趋严格的要求，特别适用于在几乎没有负载的情况下必须长期通电的电源变压器。

R 型变压器的噪声特别低，有良好的隔离效果，输出功率大。使用高精度绕线机制造的 R 型变压器在仪器或音响设备中有突出的表现，能改善设备中的信噪比，隔离电网带给设备的多次谐波干扰，能使音响的损音下降，动态增加，提高音质效果。

R 型变压器广泛用于工业控制、家用电器、高级音响、信号装置、办公设备、通信设备、测试仪器及医疗仪器等。

（4）开关变压器

开关变压器一般指"开关电源"中所用的变压器，在电路中除了普通变压器的电压变换功能，还兼具绝缘隔离与功率传送功能，如图 1-57 所示。开关变压器一般用在开关电源等涉及高频电路的场合，工作在十几至几十赫兹，甚至几百千赫兹的脉冲状态，其铁心为铁氧体材料。

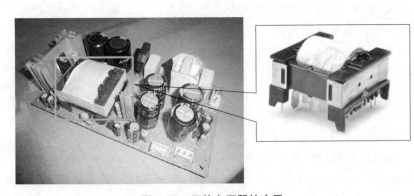

图 1-57　开关变压器的应用

开关电源变压器分为单激式开关电源变压器和双激式开关电源变压器。单激式开关电源变压器的输入电压是单极性脉冲，而且还分正反激电压输出；而双激式开关电源变压器的输入电压是双极性脉冲，一般是双极性脉冲电压输出。

【练一练】

（1）如图 1-58 所示，可以将电压升高给电灯供电的变压器是（   ），为什么？

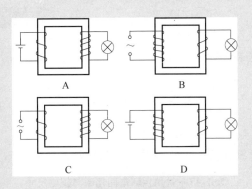

图 1-58 练习题 1 图

（2）变压器铁心的作用是什么？

模块 2 难点易错点解析

1.2.1 电阻器难点易错点

1. 如何判别棕色环是否是误差标志？

棕色环既常用作误差环，又常作为有效数字环，且常常在第一环和最末一环中同时出现，使人很难识别谁是第一环。在实践中，可以按照色环之间的间隔加以判别，比如对于一个五道色环的电阻而言，第五环和第四环之间的间隔比第一环和第二环之间的间隔要宽一些，据此可判定色环的排列顺序，如图 1-59 所示。

在仅靠色环间距还无法判定色环顺序的情况下，还可以利用电阻器的生产序列值来加以判别。比如有一个电阻器的色环读序是棕、黑、黑、黄、棕，其值为 $100 \times 10000 = 1M\Omega$，允许偏差为 $\pm1\%$，属于正常的电阻系列值，若是反顺序读棕、黄、黑、黑、棕，其值为 $140 \times 1\Omega = 140\Omega$，允许偏差为 $\pm1\%$。显然按照后一种排序所读出的电阻值，在电阻器的生产系列中是没有的，故后一种色环顺序是不对的。

2. 怎样判断色环电阻器的功率？

色环电阻器的功率与电阻阻值的大小无关，与电阻器的体积有一定的关系。电阻器的体积越大，其功率越大，如图 1-60 所示。

关于色环电阻器的功率，等我们接触各种规格的色环电阻器多了，一眼就可辨认色环电阻器的功率。最常用的色环电阻器是 0.125W（即 1/8W），0.25W（即 1/4W），比 0.25W 大些的是 0.5W，底色是蓝色；1W 以上的底色是灰色。

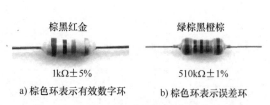

棕黑红金

1kΩ±5%

a) 棕色环表示有效数字环

绿棕黑橙棕

510kΩ±1%

b) 棕色环表示误差环

图1-59　棕色环是否表示误差的确定

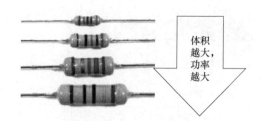

体积越大，功率越大

图1-60　色环电阻器的功率

【重要提醒】

常用色环电阻器主要有0.125W、0.25W、0.5W、1W、2W，其功率与规格尺寸的数据见表1-17，用尺子对照测量一下就知道该电阻的额定功率是多少了。

表1-17　常用色环电阻功率与规格尺寸

名　称	型　号	额定功率/W	最大直径/mm	最大长度/mm
超小型碳膜电阻	RT13	0.125	1.8	4.1
质量认证碳膜电阻	RT14	0.25	2.5	6.4
小型碳膜电阻	RTX	0.125	2.5	6.4
碳膜电阻	RT	0.25	5.5	18.5
碳膜电阻	RT	0.5	5.5	28.0
碳膜电阻	RT	1	7.2	30.5
碳膜电阻	RT	2	9.5	48.5
金属膜电阻	RJ	0.125	2.2	7.0
金属膜电阻	RJ	0.25	2.8	8.0
金属膜电阻	RJ	0.5	4.2	10.8
金属膜电阻	RJ	1	6.6	13.0
金属膜电阻	RJ	2	8.6	18.5

3. 如何用指针式万用表测量电阻器？

1）测电阻器时，将红表笔插入"＋"插孔，黑表笔插入"－"插孔，如图1-61所示。

为了提高测量精度，应根据电阻器标称值的大小来选择量程（档位），如图1-62所示。应使指针的指示值尽可能指在刻度尺的1/3～2/3之间（即全刻度起始的20%～80%弧度范围内），以使测量数据更准确。

2）欧姆调零。测量电阻器前，应先进行欧姆调零，其方法如图1-63所示。

注意，每次改变档位后，都必须进行欧姆调零操作。

3）测量和读数。将两表笔（不分正负）分别与电

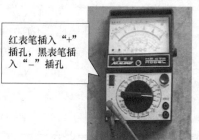

红表笔插入"＋"插孔，黑表笔插入"－"插孔

图1-61　将表笔插入指针式万用表

一般来说，测量100Ω以下的电阻器可选"R×1Ω"档，测量100Ω～1kΩ的电阻器可选"R×10Ω"档，测量1～10kΩ的电阻器可选"R×100Ω"档，测量10～100kΩ的电阻器可选"R×1kΩ"档，测量10kΩ以上的电阻器可选"R×10kΩ"档

扫一扫看视频

图 1-62　选择量程

进行欧姆调零时，不能将两支表笔长时间短接，否则电池消耗过快

步骤③让指针准确指在零欧姆的位置

步骤②向左或向右调节欧姆零位调节旋钮

步骤①将红黑表笔短接

图 1-63　欧姆调零

阻器的两端引脚相接，即可测出实际电阻值，如图 1-64 所示。测量时，待指针停稳后读取读数，然后乘以倍率，就是所测的电阻值。

a) 小阻值电阻器测量　　　　　　b) 大阻值电阻器测量

图 1-64　测量和读数

如图 1-65 所示，所选倍率是 R×100Ω 档，指针停留在 20～30 之间，20～30 之间有 5

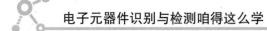
小格，每小格代表2Ω，由于是倒刻度线，故应由右向左读数，读取结果为22。因此，该电阻器阻值 R = 22 × 100Ω = 2.2kΩ。

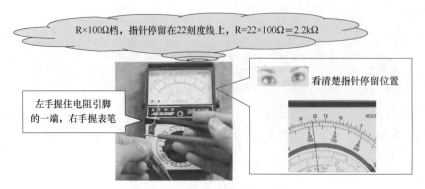

R × 100Ω档，指针停留在22刻度线上，R = 22 × 100Ω = 2.2kΩ

看清楚指针停留位置

左手握住电阻引脚的一端，右手握表笔

图1-65　测量2.2kΩ电阻器

【经验分享】

1）务必使表笔与电阻器引脚接触良好，否则得不到正确的读数。

2）测量电阻器之前或调换不同倍率档后，都应将两表笔短接，用调零旋钮调零，调不到零位时应更换电池。

3）测量时，当指针指示在中央位置附近时，读到的测量结果是最准确的；偏离中间位置太大时，读数就不准确了。为了保证测量有一定精确度，所以要选用不同的档位，使测量时指针偏转到中央位置附近。

4. 如何用数字万用表测量电阻器？

1）测量电阻时，将黑表笔插入COM插孔，红表笔插入V/Ω插孔。一些数字万用表的液晶显示屏上会显示电阻标记"Ω"和表笔插孔位置，如图1-66所示。

2）选择档位（量程）。使用数字万用表检测电阻前，首先应根据待测电阻器标称值（可从电阻器的色环上观察）选择量程，所选择的量程应比电阻器的标称值稍微大一点。选择量程后，再打开万用表电源开关（电源开关调至"ON"位置）。

例如，某色环电阻器的标称阻值是12kΩ，测量时就应选择20kΩ量程进行测量。

3）测量并读数。将数字万用表两表笔分别与被测电阻器两端连接后，从显示屏上直接读取测量结果。例如图1-67中测量标称阻值是12kΩ的电阻器，实际测得其电阻值为11.97kΩ，如图1-67所示。

扫一扫看视频

电阻档标识Ω

表笔插接提示

图1-66　根据提示信息插接表笔

数字停止跳动后，再读数

图1-67　测量电阻器

数字万用表测电阻一般无须调零，可直接测量。如果电阻值超过所选档位值，则万用表显示屏的左端会显示"1"，这时应将开关转至较高档位上。

当测量电阻值超过1MΩ以上时，显示的读数需几秒钟才会稳定，这种现象在测量大电阻值时经常出现。这是使用数字万用表测量时的正常现象。

200MΩ、200Ω等档位应先将表笔短路，测量引线电阻，并做好记录。例如，在200Ω档短接红、黑表笔时，引线电阻为0.07Ω。记下这个数值，在测量读数时减去这个数值才是实际电阻值，如图1-68所示。

实际电阻值=测量值-引线电阻

图1-68 表笔的引线电阻

5. 为什么万用表测量电阻器时手不能同时触及电阻器的两引脚？

一般来说，人体手指的电阻在几百欧姆至几千欧姆，手拿着电阻器两端就相当于将这个人体电阻和待测电阻并联了，会导致测量值比真实值偏小。对于欧姆级、几千欧的电阻影响极小；对于几十k、几百k的电阻器有影响；对于兆欧级以上的电阻器，影响就更大了。因此，在检测电阻器时，手不要同时触及电阻器两端引脚，如图1-69所示。

6. 为什么不能带电测量电阻器？

万用表测电阻器的原理如下：表内的电池串联被测电阻形成电路，表头相当于电流表，将电流换算成阻值。如果

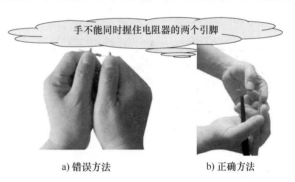

手不能同时握住电阻器的两个引脚

a) 错误方法   b) 正确方法

图1-69 测量电阻器时手不能
同时触及电阻器的两引脚

电路中有电压，则相当于用电流表直接并联在电源上，表的内阻很小，一点电压就会有较大的电流。阻值读数误差极大，电压稍高就容易烧坏万用表。

测量电阻器时，要求被测电阻器不能带电。如电路中有电容器，则应先将电容器充分放电后才能测量。

1.2.2 电容器难点易错点

1. 某电容器的标注为"229"，它的电容量是多少？

电容器的电容量采用三位数字的表示法，三位数字的前两位数字为标称容量的有效数

字，第三位数字表示有效数字后面零的个数，它们的单位都是 pF。在这种表示法中有一个特殊情况，就是当第三位数字用"9"表示时，是用有效数字乘上 10^{-1} 来表示容量大小。因此，"229"表示标称容量为 $22 \times (10^{-1})\,\text{pF} = 2.2\,\text{pF}$。

2. 如何用万用表判别电容器的好坏?

用指针式万用表测量电容器的好坏，就是电容器充放电规律的应用，具体方法见表1-18和表1-19。

表1-18　指针式万用表检测无极性电容器的方法

接线示意图	表头指针指示	说　明
R×10kΩ 测量0.01μF以下的电容器		由于容量小，充电电流小，现象不明显，指针向右偏转角度不大，阻值为无穷大
		如果测出阻值为零（指针向右摆动），则说明电容漏电损坏或击穿
R×10kΩ 0.01μF以上的电容器		容量越大，指针偏转角度越大，向左返回也越慢
		如果指针向右偏转后不能返回，则说明电容器已经短路损坏；如果指针向右偏转然后向左返回稳定值后，阻值小于500kΩ，则说明电容器绝缘电阻太小，漏电电流较大，也不能使用

表1-19　指针式万用表检测有极性电容器的方法

接线示意图	表头指针指示	说　明
	不接万用表	检测前，先将电容器器两引脚短接，以放掉电容内的残余电荷

（续）

接线示意图	表头指针指示	说　　明
有极性(电解)电容器质量检测		黑表笔接电容器的正极，红表笔接电容的负极，指针迅速向右偏转，而且电容量越大，偏转角度越大，若指针没有偏转，则说明电容器开路失效
		指针到达最右端之后，开始向左偏转，先快后慢，指针向左偏到接近电阻无穷大处，说明电容器质量良好。指针指示的电阻值为漏电阻值。如果指示的值不是无穷大，则说明电容器质量有问题；若阻值为零，则说明电容器已经击穿
电解电容器极性判断		若电解电容器的正、负极性标注不清楚，则用万用表 R×1kΩ 档可以将电容器正、负极性判断出来。方法是先任意测量两引脚漏电电阻，记住大小，然后交换表笔再测一次，比较两次测量的漏电电阻的大小，漏电电阻大的那一次黑表笔接的就是电容器正极，红表笔为负极

【经验分享】

好的电容器：万用表指针向右摆动后，又逐渐向左回复到左端∞标记。

漏电的电容器：万用表指针向右摆动后，向左回复不到左端∞标记。

短路的电容器：万用表指针向右摆动后，不再向左回复。

开路或无容量的电容器：万用表指针不向右摆动。

3. 如何用数字万用表测量大于 $20\mu F$ 的电容器？

许多数字万用表电容档的测量值最大为 $20\mu F$，有时不能满足测量要求。采用以下方法测量大容量电容器时，无需对数字万用表原电路做任何改动。

根据两只电容器串联公式 $C_{串} = C_1 C_2 / (C_1 + C_2)$，容量大小不一样的两只电容器串联后的总容量要小于容量小的那只电容器的容量，因此，假设待测电容器的容量大于 $20\mu F$，则只需用一只容量小于 $20\mu F$ 的电容器与之串联，就可以直接在数字万用表上测量了。然后再利用上述公式即可算出被测电容器的容量值。

扫一扫看视频

例如，被测电解电容器的标称容量为 $220\mu F$，设其为 C_1。选取一只标称值为 $10\mu F$ 的电解电容器作为 C_2，选用数字万用表 $20\mu F$ 电容档测出此电容器的实际值为 $9.5\mu F$，将这两只电容器串联后，测出 $C_{串}$ 为 $9.09\mu F$。将 $C_2 = 9.5\mu F$，$C_{串} = 9.09\mu F$ 代入公式，则

$$C_1 = C_2 C_{串}/(C_2 - C_{串}) = 9.5 \times 9.09/(9.5 - 9.09) \approx 211(\mu F)$$

注意，无论 C_2 的容量选取为多少，都要在小于 $20\mu F$ 的前提下选取容量较大的电容器，且公式中的 C_2 应代入实际值，而非标称值，这样可减小误差。

将两只电容器串联起来用数字万用表实测，由于电容器自身的容量误差及测量误差，所以只需实测值与计算值相差不多即可认为待测电容 C_1 是好的。

用这种方法可测量任意容量的电容器，但如果待测电容器的容量过大，则误差也会增大。其误差大小与待测电容器的容量大小成正比。

> **【重要提醒】**
>
> 在实际维修工作中，一般采用万用表来初步判断电容器是否有漏电、内部短路和击穿现象。若要对电容器质量好坏进行定性测试，则要采用电容表。

4. 如何用电容表测量电容器？

数字电容表是一种多功能电子测量仪器，其主要功能就是测量电子元器件的电感、电容、电阻、阻抗，还可测量耗散因子、质量因子、相位角等。

扫一扫看视频

将量程拨到合适的位置。测量电容值较小的电容器时，需要调整"ZERO ADJ"旋钮来校零，以提高精度。将电容器按极性连接到电容输入插座或端子，当仅显示"1"时，表示仪表已过载，应将量程拨到更高的量程。如果是显示数字前有一个或几个零，则应将量程选择下一个较低的范围，以提高电容仪表的分辨率。

当电容器短路时，仪表指示过载，并只显示"1"；当电容器漏电时，显示值可能高于其真实值；当电容器开路时，显示值为"0"（在 200pF 量程，可能显示 $\pm 10pF$）；当接入一个漏电的电容器时，显示值可能跳动不稳定。

> **【重要提醒】**
>
> 1）电容器测试前应完全放电。
>
> 2）铝电解电容器为两极性结构，安装时需注意极性，不得装反，交流电或反向电压的应用可能会导致短路或损坏电容器。
>
> 3）加载至电容器终端的直流电压不得超过其额定工作电压，否则将导致漏电流迅速增加，并因此损坏电容器，甚至导致短路及明火。

5. 为什么贴片电容器没有丝印字？

贴片电容器最常见的颜色就是比纸板箱浅一点的黄色和青灰色，这在具体的生产过程中会有差异。

贴片电容器上面没有印字，是和它的制作工艺有关的。贴片电容器是经过高温烧结而成，所以没办法在它的表面印字；而贴片电阻器是丝印而成的，可以印刷标记。

1.2.3 电感器和变压器难点易错点

1. 铁心电感器与变压器有何区别？

电感线圈就是将导线（漆包线、纱包或裸导线）一圈靠一圈（导线间互相绝缘）地绕

在绝缘管（绝缘体、铁心或磁心）上制成的。一般情况下，电感线圈只有一个绕组。

铁心电感器是在铁心骨架上绕制线圈而形成的，通常其骨架采用硅钢片叠加在一起组成，如电感镇流器、阻流圈等，如图1-70所示。

a) 阻流圈　　　　　　　　　　b) 电感镇流器

图1-70　电感镇流器和阻流圈

电感线圈中流过变化的电流时，不但会在自身两端产生感应电压，而且能使附近的线圈中产生感应电压，这一现象叫做互感。两个彼此不连接但又靠近，相互间存在电磁感应的线圈一般叫做变压器，如音频变压器、中频变压器、高频变压器、脉冲变压器等，如图1-71所示。

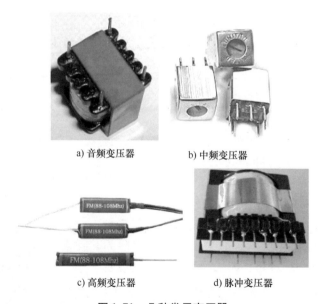

a) 音频变压器　　　　　　　　b) 中频变压器

c) 高频变压器　　　　　　　　d) 脉冲变压器

图1-71　几种常用变压器

2. 环形电感器和工形电感器有何区别？

环形电感器通常指采用环形磁性材料制成的电感器，磁性材料是圆圈形状，成品的形状可能不一样，如图1-72所示。环形电感器主要用于开关电源抑噪滤波器、电源线和信号线静电噪音滤波器、变换器和超声设备等辐射干扰抑制器中。

工形电感常应用于扼流圈、滤波电感器、储能电感器、EMI差模电感器、升压电感器、振荡电感器、RF射频器等，如图1-73所示。

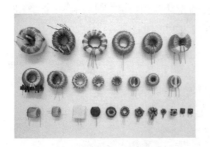

图 1-72　环形电感器

图 1-73　工形电感器

3. 如何区分电感器的标称电流？

标称电流指电感器允许通过的电流大小，通常用字母 A、B、C、D、E 分别表示，其标称电流值分别为 50mA、150mA、300mA、700mA、1600mA。

4. 如何检测电感器的好坏？

电感器的检测主要是检测电感线圈的通断情况，可利用万用表的电阻档测量电感线圈两引脚之间的阻值。将万用表置于 R×1Ω 档，它的阻值一般比较小，电感量较大的电感器应有一定的阻值。如果指针不动，则说明该电感器内部断路；如果指针指示不稳定，则说明电感器内部接触不良。

【经验分享】

被测电感器直流电阻值的大小与绕制电感器线圈所用的漆包线线径和绕制圈数有直接关系，只要能测出电阻值，便可认为被测电感器是正常的。

5. 如何检测电源变压器的好坏？

（1）直观检测

观察变压器外层绝缘介质颜色有无发黑、碳化或因打火而造成的焦孔，各线圈引线、引脚有无断线或松动。出现上述问题的变压器都不能正常使用。

（2）直流电阻的测量

用万用表电阻 R×10Ω 档测试一次绕组的电阻，用 R×1Ω 档测试二次绕组的电阻，通过测试结果可粗略判断线圈的好坏，如图 1-74 所示。如果一次绕组电阻为 0Ω，则说明线圈已被击穿短路；如果为无穷大，则说明线圈开路，这两种情况下变压器都已经损坏，不能使用。由于二次绕组电压低，所用漆包线短，故测试的电阻接近于 0Ω。

图 1-74　测量直流电阻

（3）绝缘性能的检测

变压器线圈与铁心之间、各线圈之间的绝缘性能可用 500V 绝缘电阻表进行检测，其绝缘电阻不小于 1000MΩ。如果没有绝缘电阻表也可用万用表 R×10kΩ 档粗略估计，测试结果应为指针不动。

（4）通电检测

根据变压器铭牌，如一次电压 220V，一次电压双 12V。通电检测二次电压有无 12V 输出，二次电压基本（因为一次电压可能略有变化，二次电压也会随一次电压变化而变化）为标称值，则说明正常。除了检测有无 12V 之外，还应该看看变压器温升是否正常，如果发烫严重，则说明线圈局部短路或严重短路，不能使用。

6. 如何查验电子元件是否是正品件？

一般正厂的电子元件都会在元件的空白处标明三项信息，即生产厂商、元件编号和生产日期。

标明生产厂商是一种负责任的态度。有些生产厂商直接将厂家的英文名称印上，有些则直接印上特有的符号，以代表生产厂商，更进一步会印出是哪一个地方的厂商所生产的。

元件编号代表这个元件的特有规格和应用规范，在大多数场合下，相同编号的元件应该是能够互换的，但是在一些特殊场合中，硬件上的若干差异往往会造成整个电子电路的操作不正常，这方面往往需要长时间的钻研才能找出其中的原因。在这里我们还是先假定不同厂商相同元件编号的电子元件能够互换。当购买时，我们应该以相同厂商的元件为第一个优先条件，当条件不合适时再考虑替代品。

元件上第三个标明的数字应该是生产日期，通常以四个数字代表，前两个数字为制造年份，后两个数字是制造的周数，比如 0038 代表这个元件是 2000 年 第 38 周所生产的，知道了元件上所提供的三种信息后，我们才会买到适合我们的电子元件。

模块 3　动手操作见真章

1.3.1　眨眼灯电路原理

眨眼灯由多谐振荡器控制，控制电路中的两只发光二极管（Light Emitting Diode，LED）按照一定的频率不停地循环发光，犹如眨眼的星星，如图 1-75 所示。

眨眼灯电路原理如图 1-76 所示，VT_1、VT_2 两个晶体管的集电极各有一个电容器分别接到另一只管子的基极，起到交流耦合作用，形成正反馈电路。当接通电源的瞬间，某个管子先导通，另一只管子截止，这时，导通管子的集电极有输出，集电极的电容将脉冲信号耦合到另一只管子的基极使另一只管子导通，这时原来导通的管子截止。这样两只管子轮流导通和截止，就产生了振荡电流。因此我们就会看到当接通电源时，二极管发光，然后熄灭；再发光、熄灭，如此重复。

1.3.2　识别与检测电路元器件

眨眼灯电路中使用的电子元器件种类有电阻器、电容器、二极管和晶体管。我们现在只检测电阻器和电容器。余下的电子元器件将在第 2 章介绍。

（1）电阻器

电路中的电阻器有 R_1、R_2、R_3、R_4。其中，R_1 和 R_4 的规格为 510Ω，其色环标识为"绿棕黑黑 棕"，如图 1-77a 所示；R_2 和 R_3 的规格为 10kΩ，其色环标识为"棕黑黑红 棕"，如图 1-77b 所示。

图 1-75　眨眼灯效果图

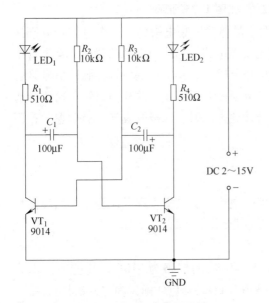

图 1-76　眨眼灯电路原理图

图 1-77　电阻识别

（2）电容器

电路中的电容器有 C_1 和 C_2，这两个电容器的规格都是 $100\mu F/16V$。其质量好坏可用指针式万用表来检测，方法是将任意一根表笔接触电容器一只脚，然后用另外一根接触另一只，这时指针会迅速上升然后缓慢下降，这就是电容器的充放电过程，说明电容器是好的。如果没有变化，那么交换表笔会出现上述现象的话，也说明是好的。如果都不出现充放电或指针上升后不降落则表明电容坏了，如图1-78所示。

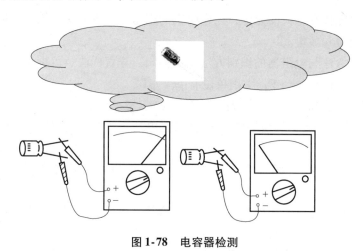

图1-78 电容器检测

模块4 复习巩固再提高

在现在的生活中，电子元器件几乎无所不在，家用电器、计算机、手机等各种现代化的智能设备中都能看到它们的影子。电阻器、电容器、电感器等因为它们本身不产生电子，对电压、电流无控制和变换作用，所以又称为无源器件。

1.4.1 温故知新

1. 电阻器

电阻器最基本的作用是阻碍电流流动。电阻器最基本的参数是阻值和功率。电阻器的阻值用 Ω 表示。除基本单位外，还有 $k\Omega$、$M\Omega$。电阻器的功率用 W 表示，常用的有 1/16W 、1/8W、1/4W、1/2W、1W、2W 等，超过这一最大值，电阻器就会烧毁。

电阻器的种类很多，外形也差异较大。对初学者来说，较难掌握但又必须掌握的是色环电阻器、贴片电阻器和敏感电阻器（光敏电阻器、气敏电阻器、热敏电阻器等）。色环电阻器和贴片电阻器的标称值的识读是学习的重点和难点；不同类型的敏感电阻器的万用表检测方法是学习的另一个重点和难点。

电阻器的基本连接方式有串联和并联。电阻器串联可用于分压，电阻器并联可用于分流。电路中如需串联或并联电阻器来获得所需阻值，则应考虑其额定功率。阻值相同的电阻器串联或并联时，额定功率等于各个电阻器额定功率之和；阻值不同的电阻器串联时，额定功率取决于高阻值电阻器；并联时，取决于低阻值电阻器，且需计算方可应用。

电位器是一种特殊的电阻器，其阻值可以人为改变。电位器质量的好坏可以用万用表来检测。

在装配电子仪器时，若所用为非色环电阻器，则应将电阻标称值标志朝上，且标志顺序一致，以便于观察。

2. 电容器

电容器是一种能储存电荷的元件，在电路中的用途是隔直通交，储存电能。电容器有两种工作状态，即充电与放电。

电容器的识别方法与电阻器的识别方法基本相同，分直标法、色标法和数标法三种。在国际单位制中，电容的单位为 F，常用单位有 pF、μF。

电解电容器的电容器较大，极性固定，不得接错。

电容器长期工作时所能承受的电压称为额定电压，选用电容器时必须特别注意这个参数。

电容器的常见故障有内部击穿、开路和漏电，可以用万用表初步检测电容器是否正常。

电容器的基本连接方式有串联和并联。电容器并联可增大电容量，但耐压值不变；串联会减小电容量，但耐压值会增加。电容器在并联或串联应用时都需要注意电容器的极性，电解电容器正负极不得接反，在焊接时谨防虚焊或接触不良，如果安装不当则可能会造成耐压或容量不够，从而导致电解电容电流过大发热，严重的会引起爆炸。

3. 电感器

电感器是利用电磁感应制成的，它是一种贮能元件，具有阻碍交流电通过的特性，其作用有滤波或作为谐振电路的振荡元件等。

电感量的大小主要取决于线圈的圈数（匝数）、绕制方式、有无磁心及磁心的材料等。通常，线圈圈数越多、绕制的线圈越密集，电感量越大。有磁心的线圈比无磁心的线圈电感量大；磁心磁导率越大的线圈，电感量也越大。

电感器一般有直标法和色标法，色标法与电阻类似。

检查电感好坏方法为用电感测量仪测量其电感量，用万用表测量其通断，理想的电感器电阻很小，近乎为零。

4. 变压器

变压器是变换电能以及将电能从一个电路传递到另一个电路的静止电磁装置，主要功能有电压变换、电流变换、阻抗变换、隔离、稳压（磁饱和变压器）等。

电子产品中常用的变压器有 EI 型电源变压器、环形变压器、R 型变压器和开关变压器。

5. 快速识别元器件的三步骤

电子元器件品种有数百个，其外形差异较大，要在众多的元器件中快速识别出某一个是什么，对初学者来说是有一定难度的。初学者只要记住本章所讲的元器件，基本上就能满足电子小制作的需要了。

在进行电子小制作时，识别电子元器件的步骤及方法见表 1-20（以电解电容器为例）。

表 1-20　识别电子元器件的步骤及方法

步　骤	方　法	图　　示
1	从外形特征入手识别	
2	将电路图或印制电路板上的电路符号与实物对应起来	
3	根据引脚及其极性识别	

1.4.2　思考与提高

（1）为维护消费者权益，某技术监督部门对市场上的电线产品进行抽查，发现有一个品牌的铜芯电线不符合规格：电线直径明显比说明书上标有的直径要小。引起这种电线不符合规格的主要原因是（　　　）

A. 电线的长度引起电阻偏大　　　　B. 电线的横截面积引起电阻偏大

C. 电线的材料引起电阻偏大　　　　D. 电线的温度引起电阻偏大

（2）如果电容器有正负极，那么正负极接反会出现何种现象？

（3）电容器的容量可以用万用表测试吗？电容器的好坏和正负极判断可以用万用表测试吗？

（4）在电感器好坏判断中，常使用万用表_____档测量电感器的通断及电阻值大小来判断。将万用表置于_____Ω 档，红、黑表笔各任接电感器的任一引出端，此时指针应向右摆动，根据测出的电阻值大小，可具体分下述两种情况进行判断。

1）被测电感器电阻值太小。说明电感器内部线圈有_____故障，注意测试操作时，一定要先认真将万用表调零，并仔细观察指针向右摆动的位置是否确实到达零位，以免造成误判。当怀疑电感器内部有短路性故障时，最好是用_____Ω档反复测量几次，这样才能作出正确的判断。

2）被测电感器的电阻值为无穷大。这种现象比较容易区分，说明电感器内部的线圈或引出端与线圈接点处发生了_____故障。

（5）两个生产厂商同样的电阻器、电容器、电感器，如何快速确认质量的好坏？如何能在不破坏元件的情况下快速找出假货？

（6）如何选用电源变压器？

第2章
半导体分立元器件的识别与应用

模块1　基本学习不可少

半导体材料是导电性介于良导电体与绝缘体之间的一种物质，半导体元器件是利用半导体材料的特殊电特性来完成特定功能的电子器件。常见的半导体材料有硅（Si）和锗（Ge）。常用的半导体分立元器件有半导体二极管、稳压管、发光二极管、变容二极管、光电管、晶体管、场效应晶体管和晶闸管等。

2.1.1　二极管识别与应用

1. 二极管简介

半导体二极管简称二极管，一个 PN 结就是一个二极管，P 区的引线称为阳极，N 区的引线称为阴极。PN 结的基本特性是单向导电，因此二极管是一种能够单向传导电流的电子器件。

（1）二极管的种类及符号

按封装形式分为贴片二极管、手插二极管。

按封装材料分为玻璃二极管、塑封二极管。

按半导体材料分为硅二极管、锗二极管。

按功能特性分为整流二极管、开关二极管、发光二极管、稳压二极管。

常用二极管的简介见表 2-1。

表 2-1　常用二极管简介

序号	名　称	简　介	图　示
1	整流二极管	将交流电流转换成为直流电流的二极管	

（续）

序号	名　称	简　　介	图　　示
2	检波二极管	用于将迭加在高频载波上的低频信号检测出来的二极管，它具有较高的检波效率和良好的频率特性	
3	开关二极管	在脉冲数字电路中，用于接通和关断电路的二极管叫做开关二极管，它的特点是反向恢复时间短，能满足高频和超高频应用的需要	
4	稳压二极管	是由硅材料制成的面结合型二极管，它是利用 PN 结反向击穿时电压基本上不随电流的变化而变化的特点，来达到稳压的目的，因为它能在电路中起稳压作用，故称为稳压二极管（简称稳压管）	
5	变容二极管	利用 PN 结的电容随外加偏压而变化这一特性制成的非线性电容元件被广泛地用于参量放大器、电子调谐及倍频器等微波电路中。在工作状态下，变容二极管的调制电压一般加到负极上，使变容二极管的内部结电容容量随调制电压的变化而变化	
6	发光二极管	用磷化镓、磷砷化镓材料制成，体积小，正向驱动发光，工作电压低，工作电流小，发光均匀，寿命长，可发红、黄、绿单色光	
7	瞬态电压抑制器（TVS）	一种固态二极管，专门用于 ESD 保护。TVS 二极管是与被保护电路并联的，当瞬态电压超过电路的正常工作电压时，二极管发生雪崩，为瞬态电流提供通路，使内部电路免遭超额电压的击穿	
8	肖特基二极管	在金属（例如铅）和半导体（N 型硅片）的接触面上，用已形成的肖特基来阻挡反向电压。肖特基与 PN 结的整流作用原理有根本性的差异。其耐压程度只有 40V 左右。其优点是开关速度非常快，反向恢复时间 trr 特别短。因此，能制作开关二极管和低压大电流整流二极管	

二极管的文字符号为 VD，它的图形符号如图 2-1 所示。

（2）二极管的外形特征

二极管的封装形式分为有引线型和表面安装型（贴片式）两种。绝大多数二极管只有两个引脚，且两个引脚轴向外伸出。部分二极管的外壳上标有二极管电路符号。

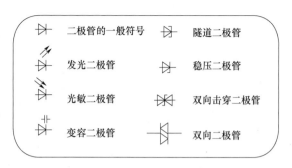

图 2-1 常用二极管的符号

二极管种类很多，不同类型的外形差异很大，常用二极管的外形如图 2-2 所示。

肖特基二极管有单管式（两根引脚）和对管（双二极管、三根引脚）式两种封装形式，如图 2-3 所示。单管中，标有色环的一端为负极。双管中，型号正面对着自己时，从左向右依次是 1、2、3 脚。

图 2-2 常用二极管的外形

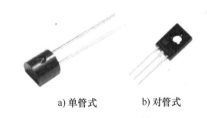

a）单管式　　　b）对管式

图 2-3 肖特基二极管

（3）二极管的工作状态

二极管有导通和截止两种工作状态，而且导通和截止均有一定的工作条件。

二极管导通的条件是正向偏置电压大到一定程度，对于硅管而言为 0.7V，对于锗管而言为 0.2V。给二极管加反向偏置电压后，二极管截止，二极管两引脚间电阻很大，相当于开路。

⚙ 【重要提醒】

二极管导通后，在回路中的电流流向是从正极流向负极的。

（4）二极管的主要参数

二极管的主要参数包括最大整流电流、反向电流、最大反向工作电压、最高工作频率。这是选用二极管的重要依据。

⚙ 【重要提醒】

最大正向电流是指二极管导通时允许通过的最大电流；最高反向电压是指二极管截止时加在二极管上的最高电压。这两项参数在使用中都不能超过，否则二极管将损坏。

（5）二极管的典型故障

二极管的典型故障有开路、击穿、正向电阻变大、性能变差。

2. 二极管引脚极性识别

（1）观察法识别二极管引脚极性

1）手插二极管引脚极性的标注方法有三种，即直标标注法、色环标注法和色点标注法，如图2-4所示，仔细观察二极管封装上的一些标记，一般可以看出引脚的正负极性。

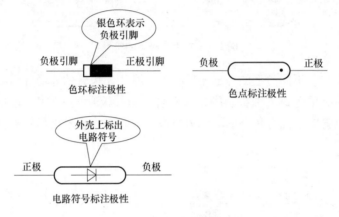

图 2-4　二极管引脚极性识别

📝 【经验分享】

　　也有部分生产厂商生产的二极管是采用符号标注为"P"、"N"来确定二极管极性的。

2）贴片二极管有片状和管状两种。贴片二极管正、负极的判别通常观察管子外壳标注即可。一般采用在一端用一条丝印的灰杠或者色环来表示负极，如图2-5所示。

图 2-5　贴片二极管极性识别

3）金属封装的大功率二极管可以依据其外形特征分辨出正负极，如图2-6所示。

4）发光二极管的正负极可从引脚长短来识别，长脚为正，短脚为负。如果引脚一样长，则发光二极管内部面积大点的是负极，面积小点的是正极，如图2-7所示。有的发光二极管带有一个小平面，靠近小平面的引脚为负极。

5）大功率发光二极管带小孔的一端是正极，如图2-8所示。需要注意的是这个小孔引脚没有实际作用，焊接时，还是焊接两只引脚。

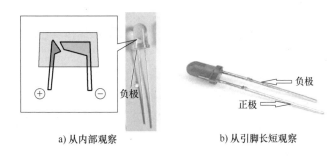

a) 从内部观察　　　　　　　　　　　　　b) 从引脚长短观察

图 2-6　金属封装大功率　　　　　　图 2-7　发光二极管极性识别
　　　　二极管极性识别

6）常见的红外线接收二极管的外观呈黑色。识别引脚时，面对受光视窗，左边为正极，右边为负极。另外，在红外线接收二极管的管体顶端有一个小斜切平面，通常带此斜切平面一端的引脚为负极，另一端为正极，如图 2-9 所示。

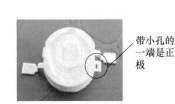

图 2-8　大功率发光二极管极性识别

图 2-9　红外线接收二极管引脚极性识别

（2）PCB 上二极管极性的识别

在 PCB 上，通过看丝印的符号可以判别二极管的极性，PCB 上二极管极性的几种表示法如图 2-10 所示。

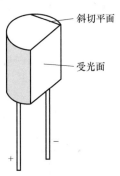

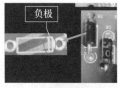

PCB 上二极管极性的常用表示法如下：

1）有缺口的一端为负极。

2）有横杠的一端为负极。

3）有白色双杠的一端为负极。

4）三角形箭头方向的一端为负极。

图 2-10　PCB 上二极管极性的几种表示法

5）插件二极管丝印小圆点一端是负极，大圆点是正极。

【重要提醒】

二极管的电极是有极性的。一般二极管的负极用白色、红色或黑色色环标识；发光二极管一般用不同的引脚长度来区分极性，较短的引脚为负极。

3. 二极管变形体的识别

二极管的变形体主要有整流块、数码发光管和双色发光二极管。

（1）整流块

在电子线路中多个二极管组合在一起可以构成功能电路，整流电路是最常用的二极管组合电路，在电源中广泛使用，主要起到将交流电转换成直流电的作用。因此，人们将此电路集成在一起做成整流电路模块，封装在一个壳内，习惯称其为整流桥。整流桥分全桥和半桥两种。

1）全桥是将连接好的桥式整流电路的四个二极管封在一起，只引出四个引脚。四个引脚中，两个直流输出端标有"＋"或"－"，两个交流输入端有"～"或者"AC"标记，图2-11所示为全桥的外形及内部电路。

a) 全桥的外形　　　　　　　　　　　b) 全桥的内部电路

图2-11　全桥

全桥的正向电流有0.5A、1A、1.5A、2A、2.5A、3A、5A、10A、20A等多种规格，耐电压值（最高反向电压）有25V、50V、100V、200V、300V、400V、500V、600V、800V、1000V等多种规格。

由四只二极管组成的单相桥式全波整流器用在单相交流整流电路中，由六只二极管组成的三相桥式全波整流器用在三相整流电路中。

2）半桥是由两只整流二极管封装在一起构成的，它有四端和三端之分，如图2-12所示。四端半桥内部的两只二极管各自独立，而三端半桥内部的两只整流二极管的负极与负极相连或正极与正极相连，如图2-13所示。

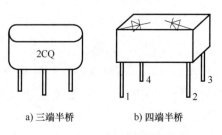

a) 三端半桥　　　　　　b) 四端半桥

图2-12　半桥外形

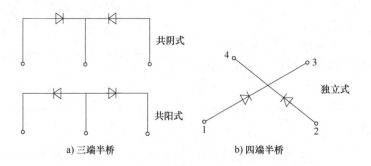

a) 三端半桥　　　　　　　　　b) 四端半桥

图2-13　半桥的内部电路

用两个半桥可以组成一个桥式整流电路。一个半桥也可以组成变压器带中心抽头的全波整流电路。

（2）数码发光管

数码发光管是一种用来显示数字和符号的半导体发光器件，在数字化仪器仪表和电气设备中广泛使用。数码发光管是由发光二极管的段码构成的，最常用的是七段 LED，其内部有八个发光二极管，由七个发光二极管构成一个"8"字，各段的代号分别为 a、b、c、d、e、f、g，另一个发光二极管在数字右下方为小数点，代号是 dp。数码发光管能显示 0 ~ 9 中的任一数字和小数点，外形如图 2-14 所示。这种数码管内部结构有共阴极和共阳极两种接法，如图 2-15 所示。

图 2-14　数码发光管实物图

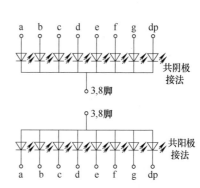

图 2-15　数码发光管内部电路

（3）双色发光二极管

双色发光二极管是将两种颜色的发光二极管制作在一起组成的，常见的有红绿双色发光二极管，如图 2-16 所示。它的内部结构有两种连接方式，一是共阳极或共阴极（即正极或负极连接为公共端），二是正负极连接（即一只二极管正极与另一只二极管负极连接）。共阳极或共阴极双色二极管有三只引脚，正负连接式双色二极管有两只引脚。双色二极管可以发单色光，也可以发混合色光，即红、绿管都亮时，发黄色光。

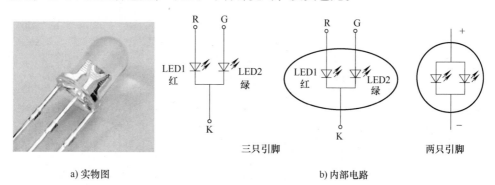

a) 实物图　　　　　　　　　　　b) 内部电路

图 2-16　双色发光二极管

4. 手插二极管的不在路检测

（1）整流二极管的检测

一般用万用表 R × 1kΩ 档测量二极管的正、反向电阻，比较两次电阻值的大小来判别引脚的极性。通过两次测量，看电阻值小的那一次的表笔位置，与黑表笔接触的为正极，与红表笔接触的为负极，如图 2-17 所示。

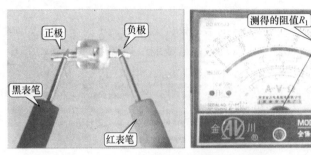

a) 检测整流二极管正向电阻值

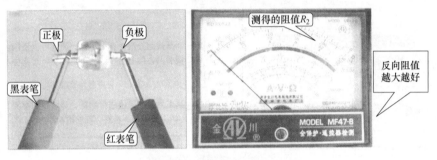

b) 检测整流二极管反向电阻值

图 2-17　整流二极管的检测

在测量整流二极管正反向电阻时，可能出现的几种情况说明见表 2-2。

表 2-2　测量整流二极管正反向电阻的几种情况说明

测量正向电阻	说　明	测量反向电阻	说　明
指针大幅度偏转，阻值为 5kΩ 左右	说明二极管正向电阻正常	几百 kΩ	说明二极管反向电阻正常
阻值为 0 或者远小于 5kΩ	说明二极管已经击穿	阻值为 0	说明二极管已经击穿
几百 kΩ	正向电阻很大，说明二极管已经开路	远小于几百 kΩ	反向电阻较小，说明二极管反向特性不良
几十 kΩ	正向电阻较大，正向特性不良	指针不动	说明二极管已经开路
测量时指针摆动不定	说明二极管稳定性差	测量时指针摆动不定	说明二极管稳定性差

🔍【重要提醒】

　　指针式万用表检测二极管根据二极管的单向导电特性，通过测量二极管的正、反向电阻，可以方便地判断二极管的引脚极性和质量好坏。二极管的正向阻值越小越好，反向阻值越大越好。

用数字万用表检测普通二极管时，将转换开关置于"➤❘"档或"›))❘"
档，红表笔接被测二极管的正极，黑表笔接被测二极管的负极，此时显示屏所
显示的就是被测二极管的正向压降。具体方法见表 2-3。

表 2-3　数字万用表检测二极管的好坏

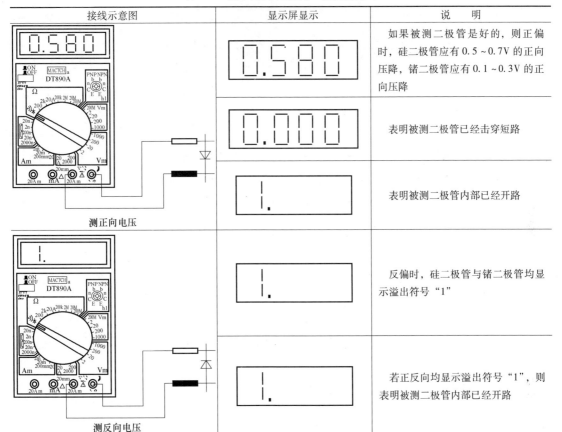

接线示意图	显示屏显示	说　明
（测正向电压）	0.580	如果被测二极管是好的，则正偏时，硅二极管应有 0.5～0.7V 的正向压降，锗二极管应有 0.1～0.3V 的正向压降
	0.000	表明被测二极管已经击穿短路
	1.	表明被测二极管内部已经开路
（测反向电压）	1.	反偏时，硅二极管与锗二极管均显示溢出符号"1"
	1.	若正反向均显示溢出符号"1"，则表明被测二极管内部已经开路

【重要提醒】

对于正向电阻变大和反向电阻变小的二极管，一般情况下，用数字万用表不能有效
检测出来。

（2）检波二极管的检测

对于检波二极管，应将万用表置于 R×100Ω 档，其正向电阻应为约几百欧（硅管为几
千欧），反向电阻值应在几百千欧以上。

（3）稳压二极管的检测

对于稳压二极管，若用万用表的 R×1kΩ 档进行测量，则也应具备普通二极管的特性。
用万用表 R×1kΩ 档测量其正、反向电阻，正常时反向电阻阻值较大，若发现指针摆动或其
他异常现象，则说明该稳压管性能不良甚至损坏。

用数字万用表测量时，若有示数，则红表笔所测端为正，黑表笔端为负，如图 2-18a 所

示；若没有示数，则反过来再测一次。如果两次测量都没有示数，则表示此稳压二极管已经损坏，如图2-18b所示。

a) 二极管良好　　　　　　　　b) 二极管损坏

图2-18　数字万用表检测稳压二极管

> 📝 **【经验分享】**
>
> 　　用在路通电的方法也可以大致测得稳压二极管的好坏，其方法是用万用表直流电压档测量稳压二极管两端的直流电压，若接近该稳压二极管的稳压值，则说明该稳压二极管基本完好；若电压偏离标称稳压值太多或不稳定，则说明稳压二极管损坏。
>
> 　　对于稳压值小于9V的稳压二极管来说，若用万用表的$R \times 10k\Omega$档进行测量，则反向测量时稳压二极管也应导通（指针明显偏转）。

（4）发光二极管的检测

对于发光二极管来说，用指针式万用表的$R \times 1k\Omega$档进行测量时，也应具备普通二极管的特性，但其正向电阻值比普通二极管的正向电阻大一些，如图2-19所示。另外，在正向测量时，许多发光二极管也会发出微弱的光，但也有一些发光二极管因发光电流要求较大，故用万用表测量时看不到有光发出，若用两节1.5V电池串联起来，经$1k\Omega$电阻向发光二极管提供正向导通电流，发光二极管便会发光。因此，也可以通过观察发光二极管有无发光来判断其好坏，另外也可用数字万用表判断发光二极管的好坏。

红外发光二极管的检测方法如下：用万用表$R \times 10k\Omega$档测量红外发光管有无正、反向电阻。正常时，正向电阻值约为$15 \sim 40k\Omega$（此值越小越好），反向电阻值应大于$500k\Omega$。若测得正、反向电阻值均接近零，则说明该红外发光二极管内部已击穿损坏；若测得正、反向电阻值均为无穷大，则说明该二极管已开路损坏；若测得的反向电阻值远远小于$500k\Omega$，则说明该二极管已漏电损坏。

数字万用表检测发光二极管的步骤及方法如下：

1）万用表选择二极管档，如图2-20a所示。

2）红表笔接二极管的正极，黑表笔接负极，此时若表有读数，则发光二极管会发光，如图2-20b所示。若没有读数，则将表笔反过来再测一次；如果两次测量都没有读数，则表示此发光二极管已经损坏，如图2-20c所示。

下面介绍电源法检查发光二极管的好坏。

用万用表的$R \times 10k\Omega$档为一只$220\mu F/25V$电解电容器充电（黑表笔接电容器正极，红表笔接电容器负极），再将充电后的电容器正极接发光二极管正极、负极接发光二极管负极，若发光二极管有很亮的闪光，则说明该发光二极管完好。

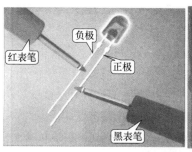

测得的正向阻值为20kΩ

红表笔　负极　正极

黑表笔

MODEL MF47-8

a) 检测发光二极管正向电阻值

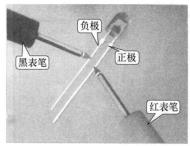

测得的反向阻值趋于无穷大

负极　正极

黑表笔

红表笔

MODEL MF47-8

b) 检测发光二极管反向电阻值

图 2-19　发光二极管的检测

扫一扫看视频

a) 选择二极管档　　b) 二极管良好　　c) 二极管损坏

图 2-20　数字万用表检测发光二极管

也可以在 3V 直流电源的正极串联一只 33Ω 电阻后接发光二极管的正极，将电源的负极接发光二极管的负极，如图 2-21 所示，正常的发光二极管应发光。或将一节 1.5V 电池串联在万用表的黑表笔（将万用表置于 R×10Ω 或 R×100Ω 档，黑表笔接电池负极，等于与表内的 1.5V 电池串联），将电池的正极接发光二极管的正极，红表笔接发光二极管的负极，正常的发光二极管应发光，如图 2-22 所示。

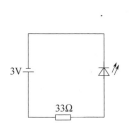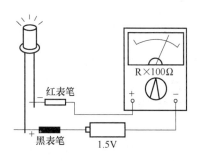

图 2-21　用电源检查发光二极管的好坏　　图 2-22　检测发光二极管发光性能示意图

【经验分享】

用指针式万用表检测小功率二极管的正、反向电阻值时，不宜使用 R×1Ω 和 R×10kΩ 档。这是因为前者通过二极管的正向电流较大，可能烧毁管子；后者加在二极管两端的反向电压太高，易将管子击穿。另外，二极管的正反向电阻值随检测用电表的量程不同而不同，甚至相差比较悬殊，这属正常现象。

用 MF47 型指针万用表电阻档检测二极管的正、反向电阻值可判别其种类及质量。其阻值特点及极性判别见表 2-4。

表 2-4　几种特殊二极管的正、反向电阻值特点及极性判别表

二极管名称	档位	阻值特点		极性判断及特殊现象
		正向电阻	反向电阻	
3V 稳压二极管	R×1kΩ	8kΩ	90kΩ	阻值较小的一次，黑笔所接为正极，红笔接负极，其反向阻值体现其稳压值
发光二极管	R×10kΩ	20kΩ	∞	阻值较小的一次，黑笔所接为正极，此时二极管会发出微光
红外发射管	R×10kΩ	20kΩ	∞	阻值较小的一次，黑笔所接为正极，且不发光
红外接收管	R×10kΩ	200kΩ	无光照时可趋于∞，受光照时可趋于0	不受光影响的一次阻值，黑笔所接为正极

二极管检测方法口诀

单向导电二极管，一个正极一负极。

正反两次比阻值，一大一小记仔细。

阻值小者看表笔，红负黑正定电极。

两次电阻相差大，表明性能是优异。

两次电阻无穷大，内部断路应该弃。

两次电阻均为零，表明内部已被击。

两次电阻相接近，内部失效很不利。

类型不同换档位，表内电压要注意。

换档测量值不一，相差悬殊不为奇。

检测发光二极管，可串电阻加电池。

【知识窗】

普通二极管与稳压二极管的区分

先将指针万用表置 R×1kΩ 档，按上述方法测出二极管的正、负极；然后将黑表笔接被测二极管负极，红表笔接二极管正极，此时所测为 PN 结反向电阻，阻值很大，指针不偏转。然后将万用表转换到 R×10kΩ 档，此时指针如果向右偏转一定角度，则说明被测二极管是稳压二极管；若指针不偏转，则说明被测二极管可能不是稳压二极管。

以上方法仅适于测量稳压值低于万用表 R×10kΩ 档电池电压的稳压二极管。

（5）二极管的在路电阻检测

在路检测法是指对于连接在电路中的二极管，不将其取出来，断电后在电路中直接检测其电阻值。测量方法与二极管脱开电路检测方法基本相同。

【重要提醒】

要注意与二极管并联的电阻及其他电路对测量结果的影响。有时不能有效地鉴定其好坏，必要时还需要将其拆下进一步鉴定。

（6）在路电压检测二极管

电压法是在电路加电的情况下测量二极管的正向压降。我们已知道，二极管的正向压为 0.5~0.7V（硅管）或 0.2V（锗管）。如果在电路加电的情况下，对于硅管二极管两端正向电压远远大于 0.7V（硅管）或 0.2V（锗管），则该二极管肯定开路损坏。具体方法如下：用万用表电压 1V 档，用红表笔接二极管的正极，黑表笔接二极管的负极（指针式万用表与数字万用表相同）进行测量，测得的电压值即为二极管上的正向电压。根据测得的正向电压即可对二极管的好坏进行分析，其方法见表 2-5。

表 2-5　二极管上正向电压分析

二极管类型及正向电压		说　　明
硅二极管	0.7	二极管工作正常，处于正向导通状态
	远大于 0.7V	二极管没有处于导通状态，如果电路中的二极管处于导通状态，则说明二极管有故障
	接近 0V	二极管处于击穿状态，二极管所在回路电流会增大许多
锗二极管	0.2V	二极管工作正常，并且二极管处于正向导通状态
	远大于 0.2V	二极管处于截止状态或二极管有故障
	接近 0V	二极管处于击穿状态，二极管所在回路电流会增大许多，二极管无单向导电特性

【重要提醒】

检测二极管注意事项如下：

1）不同材料的二极管，其正常的正向电阻和反向电阻大小不同，硅二极管的正向和反向电阻均大于锗二极管的正向和反向电阻。目前常用硅二极管。

2）同一个二极管用同一个万用表的不同量程测量时，正、反向电阻大小不同；同一个二极管用不同型号万用表测量的正、反向电阻大小也是不同的。

3）测量二极管的正向电阻时，如果指针不能迅速停止在某一个阻值上，而是在不断摆动，则说明二极管的热稳定性不好。

4）使用数字式万用表时，表中有专门的 PN 结测量档，此时可以用这一功能去测量二极管的质量，但是二极管必须脱离电路。

5）检测二极管的各种方法可以在具体情况下灵活选用。修理过程中，先用在路检测方法，或通电检测方法，对已经拆下或新二极管，用脱开检测方法。

【重要提醒】

当二极管接入电路再度损坏或工作性能不好时，除考虑二极管型号是否正确外，还要考虑二极管所在电路是否存在其他故障。

（7）光敏二极管质量好坏的检测

光敏二极管的管芯主要用硅材料制成。检测光敏二极管的好坏可用以下三种方法。

1）电阻测量法。用万用表 R×100Ω 或 R×1kΩ 档，像测量普通二极管一样，正向电阻应为 10kΩ 左右，无光照射时，反向电阻应为无穷大，然后让光敏二极管见光，光线越强反向电阻应越小。光线特强时反向电阻可降到 1kΩ 以下。这样的管子就是好的。若正反向电阻都是 ∞ 或零，则说明管子是坏的。

2）电压测量法。将指针式万用表置于直流 1V 左右的档位。红表笔接光敏二极管正极，黑表笔接负极，在阳光或白炽灯照射下，其电压与光照强度成正比，一般可达 0.2～0.4V。

3）电流测量法。将指针式万用表置于直流 50μA 或 500μA 档，红表笔接光敏二极管正极，黑表笔接负极，在阳光或白炽灯照射下，短路电流可达数十到数百微安。

（8）红外光敏二极管的检测

将万用表置于 R×1kΩ 档，测量红外光敏二极管的正、反向电阻值。正常时，正向电阻值（黑表笔所接引脚为正极）为 3～10kΩ 左右，反向电阻值为 500kΩ 以上。若测得其正、反向电阻值均为 0 或均为无穷大，则说明该光敏二极管已击穿或开路损坏。

在测量红外光敏二极管反向电阻值的同时，用遥控器对准被测红外光敏二极管的接收窗口，如图 2-23 所示。正常的红外光敏二极管在按动遥控器上的按键时，其反向电阻值会由 500kΩ 以上减小至 50～100kΩ。阻值下降越多，说明红外光敏二极管的灵敏度越高。

（9）变容二极管的检测

1）正、负极的判别。有的变容二极管的一端涂有黑色标记，这一端即为负极，而另一端为正极。还有的变容二极管的管壳两端分别涂有黄色环和红色环，红色环的一端为正极，黄色环的一端为负极。

也可以用数字万用表的二极管档，通过测量变容二极管的正、反向电压来判断其正、负极性。正常的变容二极管，在测量其正向电压时，表的读数应为

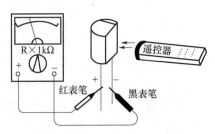

图 2-23　红外光敏二极管的检测

0.58～0.65V；测量其反向电压时，表的读数显示为溢出符号"1"。在测量正向电压时，红表笔接的是变容二极管的正极，黑表笔接的是变容二极管的负极。

2）性能好坏的判断。用指针式万用表的 R×10kΩ 档测量变容二极管的正、反向电阻值。正常的变容二极管，其正、反向电阻值均为无穷大。若被测变容二极管的正、反向电阻值均有一定阻值或均为 0，则说明该二极管漏电或击穿损坏。

（10）肖特基二极管的检测

两端型肖特基二极管可以用万用表 R×1Ω 档测量。正常时，其正向电阻值（黑表笔接正极）为 2.5～3.5Ω，反向电阻值为无穷大。若测得正、反向电阻值均为无穷大或均接近 0，则说明该二极管已开路或击穿损坏。

三端型肖特基二极管应先测出其公共端，判别出是共阴对管，还是共阳对管，然后再分别测量两个二极管的正、反向电阻值。

5. 普通贴片二极管的检测

在工程技术中，贴片二极管与普通二极管的内部结构基本相同，均由一个 PN 结组成。因此，贴片二极管的检测与普通二极管的检测方法基本相同。对贴片二极管的检测通常采用万用表的 R×100Ω 档或 R×1kΩ 档。

（1）普通贴片二极管正、负极判别

贴片二极管的正、负极的判别通常观察管子外壳标注即可，当遇到外壳标注磨损严重时，可利用万用表电阻档进行判别。

将万用表置于 R×100Ω 或 R×1kΩ 档，先用万用表红、黑两表笔任意测量贴片二极管两引脚间的电阻值，然后对调表笔再测一次。在两次测量结果中，选择阻值较小的一次为准，黑表笔所接为贴片二极管的正极，红表笔所接为贴片二极管的负极；所测阻值为贴片二极管正向电阻（一般为几百欧姆至几千欧姆），另一组阻值为贴片二极管反向电阻（一般为几十千欧姆至几百千欧姆）。

（2）普通贴片二极管性能好坏判别

对普通贴片二极管性能好坏的检测通常在开路状态（脱离电路板）下进行，测量方法如下：用万用表 R×100Ω 档或 R×1kΩ 档测量普通贴片二极管的正、反向电阻。根据二极管的单向导电性可知，其正、反向电阻相差越大，说明其单向导电性越好。若测得正、反向电阻相差不大，则说明贴片二极管单向导电性能变差；若正、反向电阻都很大，则说明贴片二极管已开路失效；若正、反向电阻都很小，则说明贴片二极管已击穿失效。当贴片二极管出现上述三种情况的任意一种时，须更换二极管。

6. 常用特殊贴片二极管的检测

（1）稳压贴片二极管的检测

稳压贴片二极管的检测主要包括以下三项：

1）稳压贴片二极管正、负极判别。稳压贴片二极管和普通贴片二极管一样，其引脚也分正、负极，使用时不能接错。其正、负极一般可根据管壳上的标注识别，例如，根据所标注的二极管符号、引线长短、色环、色点等。如果管壳上的标注已不存在，则也可利用万用表电阻档测量，方法与普通贴片二极管正、负极判别方法相同，此处不再赘述。

2）稳压贴片二极管性能好坏判别。与普通贴片二极管的判别方法相同，正常时一般正向电阻为 10kΩ 左右，反向电阻为无穷大。

3）稳压贴片二极管稳压值的测量。

将万用表置于 R×10kΩ 档，红表笔接稳压贴片二极管正极，黑表笔接稳压贴片二极管负极，待万用表指针偏转到一个稳定值后，读出万用表的直流电压档 DC10V 刻度线上指针所指示的数值，然后按下列经验公式计算出稳压二极管的稳定值：

$$稳压值\ U_z = (10 - 读数) \times 15V$$

值得注意的是，用此法测量稳压贴片二极管的稳压值要受万用表高阻档所用电池电压大小的限制。即只能测量高阻档所用电池电压以下稳压值的稳压贴片二极管。

（2）发光贴片二极管的检测

发光贴片二极管正、负极的判别。发光贴片二极管的正、负极一般可通过"目测法"

识别，即将管子拿到光线明亮处，从侧面仔细观察两条引出线在管体内的形状，较小的一端是正极，较大的一端则是负极。当"目测法"不能识别时，也可用万用表电阻档检测测量。

将万用表置于 R×10kΩ 档（发光贴片二极管的开启电压为 2V，只有处于 R×10kΩ 档时才能使其导通），用万用表的红、黑两表笔分别接发光贴片二极管的两根引出线，选择指针向右偏转过半，且管子能发出微弱光的一组为准，这时黑表笔所接为发光二极管的正极，红表笔所接为负极。

7. 整流块的检测

（1）全桥的检测

大多数的整流全桥上均标注有"＋"、"－"、"～"符号（其中"＋"为整流后输出电压的正极，"－"为输出电压的负极，"～"为交流电压输入端），很容易确定出各电极。

检测时，可通过分别测量"＋"极与两个"～"极、"－"极与两个"～"之间各整流二极管的正、反向电阻值（与普通二极管的测量方法相同）是否正常，来判断该全桥是否已损坏。若测得全桥内每只二极管的正、反向电阻值均为 0 或均为无穷大，则可判断该全桥已击穿或开路损坏。

（2）半桥的检测

半桥是由两只整流二极管组成的，通过用万用表分别测量半桥内部两只二极管的正、反电阻值是否正常，即可判断出该半桥是否正常。

【练一练】

1. 选择题

（1）用万用表的 R×1kΩ 档测量二极管时，交换表笔测得两次的阻值均为 0，则说明该二极管为（　　　）。

A. 断路　　　B. 开路　　　C. 击穿　　　　　　D. 正常

（2）在电路中测得一只二极管的正极电位为 10V，负极电位为 1V，请判定该二极管的工作状态是（　　　）。

A. 导通　　　B. 反向截止　C. 二极管内部已击穿短路　D. 二极管内部已开路

（3）用万用表的 R×1kΩ 档和 R×100Ω 档测量同一只二极管时，两次测得的阻值分别为 R_1 和 R_2，则二者相比（　　　）。

A. $R_1 < R_2$　　B. $R_1 > R_2$　　C. $R_1 = R_2$　　　　　　D. $R_1 = 2R_2$

（4）一个桥式整流滤波电路供电瞬间烧坏交流熔丝，下面不可能的原因是（　　　）。

A. 某一只整流二极管反接　　B. 滤波电容短路

C. 某一整流二极管短路　　　D. 滤波电容开路

2. 判断题

（1）稳压二极管只能用作稳压，不能作为普通二极管使用。　　　　　　　　　　（　　　）

（2）在使用万用表测量整流二极管时，以指针发生偏转的一次为准，黑表笔接的是二极管的正极，红表笔接的是二极管的负极。　　　　　　　　　　　　　　　　（　　　）

2.1.2　晶体管识别与应用

1. 晶体管简介

晶体管俗称三极管，它的工作状态有三种，即放大、饱和、截止。晶体管是放大电路的核心元件，既具有电流放大能力，同时又是理想的无触点开关元器件。

（1）晶体管的结构

晶体管是在一块半导体基片上制作两个相距很近的 PN 结，两个 PN 结将整块半导体分成三部分，中间部分是基区，两侧部分是发射区和集电区，其排列方式有 PNP 型和 NPN 型两种，如图 2-24 所示。

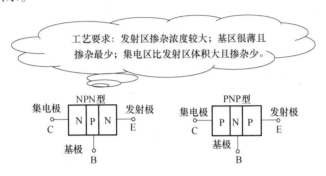

图 2-24　晶体管的结构

【重要提醒】

三个区：发射区、基区、集电区；

两个 PN 结：发射结（BE 结）、集电结（BC 结）；

三个电极：发射极 E、基极 B 和集电极 C；

两种类型：PNP 型和 NPN 型。

（2）晶体管的电路符号

在电路图中，晶体管的文字符号为"VT"，图形符号如图 2-25 所示。图形符号的画法有竖式和横式，可适用于在电路图中的不同位置绘制。

【重要提醒】

我们识别 NPN 型和 PNP 型晶体管的符号时，关键是看发射极上的箭头指向，箭头指向外为 NPN 型，箭头指向内为 PNP 型。发射极箭头的方向指明了晶体管发射极的电流方向。

（3）晶体管的种类

晶体管的种类较多。按晶体管制造的材料来分，有硅管和锗管两种；按晶体管的内部结构来分，有 NPN 型和 PNP 型两种；按晶体管的工作频率来分，有低频管和高频管两种；按晶体管允许耗散的功率来分，有小功率管、中功率管和大功率管三种。

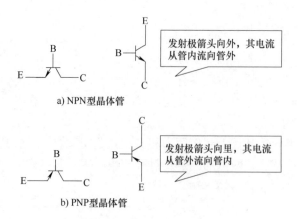

a) NPN型晶体管

发射极箭头向外，其电流从管内流向管外

b) PNP型晶体管

发射极箭头向里，其电流从管外流向管内

图2-25 晶体管的图形符号

2. 晶体管的识别

（1）晶体管的外形识别

几种常用晶体管的外形及特点见表2-6。

表2-6 常用晶体管的外形及特点

种　类	特　点	外　形
小功率晶体管	通常情况下，集电极最大允许耗散功率 P_{CM} 在1W以下	a) 金属封装　　b) 塑料封装
中功率晶体管	通常情况下，集电极最大允许耗散功率 P_{CM} 在 1～10W，主要用于驱动和激励电路中，为大功率放大器提供驱动信号	a) 塑料封装　　b) 金属封装
大功率晶体管	集电极最大允许耗散功率 P_{CM} 在10W以上	a) 金属封装　　b) 塑料封装

（续）

种　类	特　点	外　形
贴片晶体管	采用表面贴装技术 SMT 的晶体管称为贴片晶体管，贴片晶体管有三个引脚的，也有四个引脚的。在四个引脚的晶体管中，比较大的一个引脚是集电极，两个相通的引脚是发射极，余下的一个引脚是基极	

📝 【经验分享】

晶体管一般有三只引脚，可通过外形封装形式初步识别。但有三只引脚的元器件不一定是晶体管。因此，采用外形识别时还要结合半导体型号命名，或通过万用表检测进行进一步识别。有些晶体管有四只引脚，其中一只引脚与金属外壳相连，用于接地屏蔽。一些差分对管、复合管有五只引脚或六只引脚。

（2）几种特殊晶体管外形及特点

1）带阻尼晶体管。带阻尼晶体管是将晶体管与阻尼二极管、保护电阻封装为一体构成的特殊晶体管，如图 2-26 所示。

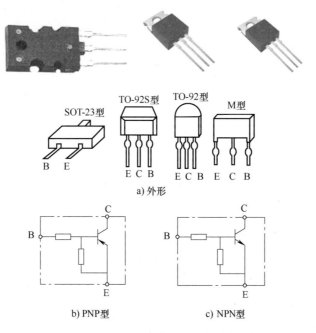

图 2-26　带阻尼晶体管

2）达林顿管。达林顿管是复合管的一种连接形式。它是将两只晶体管或更多只晶极管的集电极连在一起，而将第一只晶体管的发射极直接耦合到第二只晶体管的基极，依次级联而成的，如图 2-27 所示。

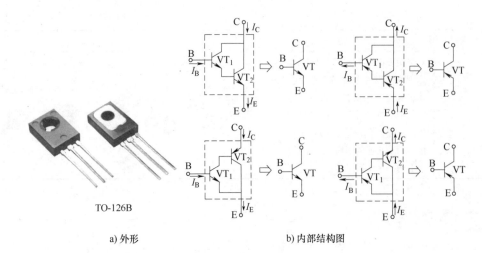

a) 外形　　　　　　　　　　　b) 内部结构图

图 2-27　达林顿管

3）带阻晶体管。带阻晶体管是指基极和发射极之间接有一只或两只电阻并与晶体管封装为一体的晶体管，它的外形与普通晶体管基本相同，如图 2-28 所示。由于带阻晶体管通常应用在数字电路中，因此带阻晶体管又被称为数字晶体管或者数码晶体管。

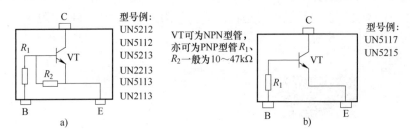

图 2-28　带阻晶体管

【知识窗】

国外晶体管的命名方法

日本半导体器件型号命名法。

1）型号中的第一部分是数字，表示器件的类型和有效电极数。例如，用"1"表示二极管，用"2"表示晶体管。而屏蔽用的接地电极不是有效电极。

2）第二部分均为字母"S"，表示日本电子工业协会注册产品，而不是表示材料和极性。

3）第三部分表示极性和类型。例如用"A"表示 PNP 型高频管，用"J"表示 P 沟道场效应晶体管。但是，第三部分既不表示材料，也不表示功率的大小。

4）第四部分只表示在日本工业协会（Electronics Industries Association of Japan，EIAJ）注册登记的顺序号，并不反映器件的性能，顺序号相邻的两个器件的某一性能可能相差很远。登记顺序号的数字越大，越是最新产品。

5）第六、七两部分的符号和意义各公司不完全相同。

6）日本有些半导体分立器件外壳上标记的型号常采用简化标记的方法，即将 2S 省略。例如，2SD764 简化为 D764，2SC502A 简化为 C502A。

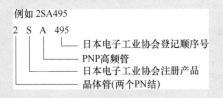

美国晶体管型号命名法。

1）由于型号命名法规定较早，又未做过改进，所以型号内容很不完备。例如，对于材料、极性、主要特性和类型，在型号中均不能反映出来。例如，2N 开头的既可能是一般晶体管，也可能是场效应晶体管。因此，仍有一些生产厂商按自己规定的型号命名法命名。

2）组成型号的第一部分是前缀，第五部分是后缀，中间的三部分为型号的基本部分。

3）除去前缀以外，凡型号以 1N、2N 或 3N×× 开头的晶体管分立器件，大都是美国制造，或按美国专利在其他国家制造的产品。

4）第四部分数字只表示登记序号，而不含其他意义。因此，序号相邻的两个器件可能特性相差很大。例如，2N3464 为硅 NPN 型高频大功率管，而 2N3465 为 N 沟道场效应晶体管。

5）不同厂商生产的性能基本一致的器件都使用同一个登记号。同一型号中某些参数的差异常用后缀字母表示。因此，型号相同的器件可以通用。

6）登记序号数大的通常是最新产品。

（3）晶体管的引脚极性识别

1）国产小功率金属封装晶体管引脚排列。管体上没有定位销的有三个引脚的晶体管如图 2-29a 所示，按照底视图位置放置，使三个引脚在等腰三角形的顶点上，将等腰三角形的底边对着自己，顺时针方向从左向右依次 E、C 为底边，余下的是 B。

管体上有一个突出定位销的有三个引脚的晶体管如图 2-29b 所示，按照底视图位置放置，使三个引脚在等腰三角形的顶点上，将等腰三角形的底边对着自己，顺时针方向从左向右依次 E、C 为底边，余下的是 B。

管体上有一个突出定位销的有四个引脚的晶体管如图 2-29c 所示，按照底视图位置放置，从定位销处按顺时针方向依次为 E、B、C、D，其中，D 引脚接金属外壳。

2）国产中小功率塑封晶体管引脚排列。对于国产中小功率塑封晶体管，使其平面朝外，半圆形朝内，三个引脚朝上放置，则从左向右依次为 E、B、C，其引脚识别如图 2-30 所示。

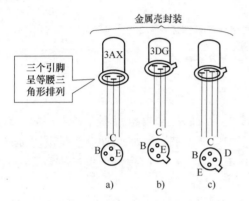

图 2-29　国产小功率金属封装晶体管引脚排列

图 2-30　国产小功率塑封晶体管引脚排列

3）国产大功率金属封装晶体管的引脚排列。对于国产大功率采用全金属封装的晶体管，使管底朝向自己，中心线上方左侧为基极，右侧为发射极，金属外壳为集电极，如图 2-31 所示。

4）部分进口晶体管引脚排列。常用的 9011～9018、1815 系列晶体管引脚排列如图 2-32 所示。有字的平面正对着自己，引脚朝下，从左向右依次是 E、B、C。

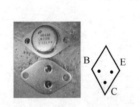

图 2-31　国产大功率金属
封装晶体管的引脚排列

图 2-32　进口晶体管引脚排列

5）贴片晶体管引脚排列。贴片晶体管均为片装，有矩形和圆形两种。其型号标记（代码）也是由字母或字母与数字组合而成，最多不超过四位。少数某一代码，不同生产厂商用来可能代表不同型号，也可能代表不同器件。

贴片晶体管有三个电极的，也有四个电极的。一般三个电极的贴片晶体管从顶端向下看有两边，上边只有一脚的为集电极，下边的两脚分别是基极和发射极，如图 2-33 所示。

在四个电极的贴片晶体管中，比较大的一个引脚是晶体管的集电极，另有两个引脚相通的是发射极，余下的一个是基极，如图 2-34 所示。

集电极

相通的两个是发射极
余下的是一个基极

图 2-34　四个电极的贴片
晶体管引脚排列

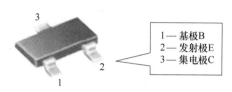

1— 基极B
2— 发射极E
3— 集电极C

图 2-33　三个电极的贴片
晶体管引脚排列

【经验分享】

　　晶体管引脚的排列方式具有一定的规律。抓住这一规律，可快速识别出晶体管的引脚电极。当然，对于一些自己不熟悉的晶体管，准确判断出其引脚的电极需要用万用表测量。如果在进行晶体管安装时引脚识别错误，就会引起安装错误，其结果必然会损坏晶体管。

【知识窗】

晶体管的输出特性包含三个区域

1）放大区：发射结正偏，集电结反偏；

2）饱和区：发射结和集电结均正偏；

3）截止区：发射结和集电结均反偏。

（4）晶体管 β 值色点的识别

通常在晶体管的管壳顶端标有不同颜色的色点，表示它的 β 值，如图 2-35 所示。不同颜色色点表示的 β 值见表 2-7。

在选用晶体管时，并不是 β 值大的晶体管质量就好，往往 β 值大的晶体管工作时性能不是很稳定。一般选用 β 在 40 ~ 80 之间的晶体管较为合适。

图 2-35　用色点表示 β 值

表 2-7　色点与 β 值的对应关系

颜色	棕	红	橙	黄	绿
β 值	5～15	15～25	25～40	45～55	55～80
颜色	蓝	紫	灰	白	黑
β 值	80～120	120～180	180～270	400～600	600～1000

【重要提醒】

晶体管并非两个 PN 结的简单组合，不能用两个二极管来代替；在放大电路中也不可以将发射极和集电极对调使用。

晶体管要实现放大作用必须满足的外部条件是发射结加正向电压、集电结加反向电压，即发射结正偏、集电结反偏。

3. 晶体管的检测

利用万用表不仅能判定晶体管的电极、测量管子的电流放大系数 h_{FE}，还可以鉴别硅管与锗管。

扫一扫看视频

（1）判定基极

将数字万用表的测量项目开关置于二极管档，红表笔固定任意接某个引脚，用黑表笔依次接触另外两个引脚，如果两次显示值均小于 1V 或都显示溢出符号"1"，则红表笔所接的引脚就是基极 B。如果在两次测试中，一次显示值小于 1V，另一次显示溢出符号"1"，则表明红表笔接的引脚不是基极 B，此时应改换其他引脚重新测量，直到找出基极 B 为止。

（2）判定 NPN 管与 PNP 管

扫一扫看视频

按上述操作确认基极 B 之后，仍使用数字万用表的二极管档，将红表笔接基极 B，用黑表笔先后接触其他两个引脚。如果都显示 0.5～0.8V，则被测管属于 NPN 型；若两次都显示溢出符号"1"，则表明被测管属于 PNP 管。

（3）判定集电极 C 与发射极 E（兼测 h_{FE} 值）

区分晶体管的集电极 C 与发射极 E，需使用数字万用表的 h_{FE} 档。如果假设被测管是 NPN 型管，则将数字万用表拨至 h_{FE} 档，使用 NPN 插孔。将基极 B 插入 B 孔，剩下两个引脚分别插入 C 孔和 E 孔中。若测出的 h_{FE} 为几十到几百，则说明管子属于正常接法，放大能力较强，此时 C 孔插的是集电极 C，E 孔插的是发射极 E，如图 2-36 所示。

图 2-36　晶体管 C、E 极的判定

若测出的 h_{FE} 值只有几到十几，则表明被测管的集电极 C 与发射极 E 插反了，这时 C 孔插的是发射极 E，E 孔插的是集电极 C。

为了使测试结果更可靠，可将基极 B 固定插在 B 孔不变，将集电极 C 与发射极 E 调换复测 1~2 次，以仪表显示值大（几十到几百）的一次为准，C 孔插的引脚是集电极 C，E 孔插的引脚则是发射极 E。

（4）判定硅管和锗管

硅管和锗管的 PN 结正向电阻是不一样的，即硅管的正向电阻大，锗管的小。利用这一特性就可以用指针式万用表来判别一只晶体晶体管是硅管还是锗管。判断方法如下：

1）将指针式万用表拨到 R×100Ω 档或 R×1kΩ 档，并调零。

2）测量 NPN 型的晶体晶体管时，万用表的黑表笔接基极，红表笔接集电极或发射极；测量 PNP 型的晶体管时，万用表的红表笔接基极，黑表笔接集电极或发射极。

3）如果测得的阻值小于 1kΩ，则所测的管子是锗管；如果测得的阻值为 5~10kΩ，则所测的管子是硅管。

（5）判定高频管和低频管

1）用指针式万用表测量晶体管发射极的反向电阻，如果是测量 PNP 型管，则万用表的黑表笔接基极，红表笔接发射极；如果是测量 NPN 型管，则万用表的红表笔接基极，黑表笔接发射极。

2）用万用表的 R×1kΩ 档测量，此时万用表的指针指示的阻值应当很大，一般不超过满刻度值的 1/10。

3）再将万用表转换到 R×10kΩ 档，如果指针指示的阻值变化很大，即超过满刻度值的 1/3，则此管为高频管；反之，如果万用表转换到 R×10kΩ 档后，指针指示的阻值变化不大，不超过满刻度值的 1/3，则所测的管子为低频管。

（6）晶体管质量好坏的检测

普通晶体管好坏的判断方法很多，主要是利用万用表来判断的。下面以 NPN 型晶体管好坏的检测为例予以说明。

将指针式万用表置于 R×1kΩ 档，黑表笔与晶体管基极相连，分别测量晶体管的基极与发射极、基极与集电极之间的电阻，这两种情况下的电阻值均为千欧级（若晶体管为锗管，则阻值为 1kΩ 左右；若为硅管，则阻值为 7kΩ 左右）；对调表笔，再测发射结和集电结的电阻，其阻值均为无穷大，由此可初步判定此晶体管是好的；否则说明此晶体管是坏的。

接下来，可进一步判断晶体管的好坏。将万用表置于 R×10kΩ 档，用红黑表笔测晶体管发射极和集电极之间的电阻，然后对调表笔再测一次，这两次所测得的电阻有一次应为无穷大，另一次为几百千欧到几千千欧，由以上即可判定此晶体管为好的。如果两次测得晶体管发射极和集电极之间的电阻都为零或都为无穷大，则说明晶体管发射极和集电极之间短路或开路，此晶体管已不再可用。

对于 PNP 型晶体晶体管，用上述方法判断时将万用表的红黑表笔对调一下即可。

一般来说，晶体管损坏后的常见故障主要有以下三种：

1）BE 结击穿短路和开路；

2）CE 结击穿短路和开路；

3）CB 结击穿短路。

【练一练】

1. 选择题

（1）晶体管是一种（　　）的半导体器件。

A. 电压控制型　　　B. 电流控制型　　　C. 功率控制型　　　D. 电压电流双重控制型

（2）晶体管内部是由（　　）所构成的。

A. 一个 PN 结　　　B. 两个 PN 结　　　C. 两块 N 型半导体　　D. 两块 P 型半导体

（3）晶体管工作在饱和状态时，是指（　　）。

A. 集电结反偏，发射极正偏　　　　　B. 集电结正偏，发射极正偏

C. 集电结反偏，发射极反偏　　　　　D. 集电结正偏，发射极反偏

（4）NPN 型和 PNP 型晶体管的区别是（　　）。

A. 由两种不同的材料硅和锗制成的　　B. 掺入的杂质元素不同

C. P 区和 N 区的位置不同　　　　　　D. 引脚排列方式不同

2. 判断题

（1）用指针式万用表对两只晶体管的 β 进行估测时，在相同条件下，指针摆动大的一只的 β 值较大。　　　　　　　　　　　　　　　　　　　　　　　　　（　　）

（2）晶体管的发射区和集电区是由同一类半导体材料（N 型或 P 型）构成的，所以集电极和发射极可以调换使用。　　　　　　　　　　　　　　　　　　　（　　）

2.1.3　场效应晶体管识别与应用

1. 场效应晶体管简介

场效应晶体管（Field Effect Transistor，FET）是利用输入电压产生的电场效应来控制输出电流的，所以又称之为电压控制型器件。因它具有很高的输入电阻，能满足高内阻信号源对放大电路的要求，所以是较理想的前置输入级器件。它还具有热稳定性好、功耗低、噪声低、制造工艺简单、便于集成等优点，因而得到了广泛的应用。

根据结构不同，场效应晶体管可以分为结型场效应晶体管（JFET）和绝缘栅型场效应晶体管（IGFET）或称 MOS 型场效应晶体管两大类。根据场效应晶体管制造工艺和材料的不同，又可分为 N 型沟道场效应晶体管和 P 型沟道场效应晶体管。

（1）场效应晶体管的结构

结型场效应晶体管有 N 沟道结型场效应晶体管和 P 沟道结型场效应晶体管两种类型，其结构如图 2-37 所示。

绝缘栅型场效应晶体管的结构如图 2-38 所示。它和结型场效应晶体管在结构上的主要不同之处在于它的栅极是从 SiO_2 上引出的，栅极与源极和漏极之间是绝缘的。

（2）场效应晶体管的特点

场效应晶体管是根据晶体管的原理开发出的新一代放大器件，有三个极性，即栅极、漏极、源极，它的特点是栅极的内阻极高（采用二氧化硅材料的可以达到几百兆欧）、噪声小、功耗低、动态范围大、易于集成、没有二次击穿现象、安全工作区域宽等优点。场效应

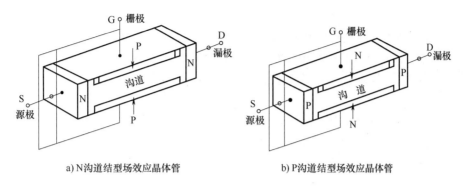

a) N沟道结型场效应晶体管   b) P沟道结型场效应晶体管

图 2-37 结型场效应晶体管的结构

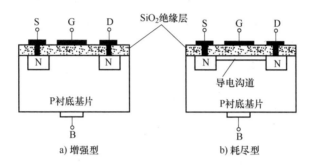

a) 增强型   b) 耗尽型

图 2-38 绝缘栅型场效应晶体管的结构

晶体管现已成为双极型晶体管和功率晶体管的强大竞争者。

（3）场效应晶体管的分类

场效应晶体管可分为结型场效应晶体管和绝缘栅型场效应晶体管，而绝缘栅型场效应晶体管又分为 N 沟道耗尽型和增强型、P 沟道耗尽型和增强型四大类。

目前应用最为广泛的是绝缘栅型场效应晶体管，即金属氧化物半导体场效应晶体管（Metallic Oxide Semiconductor Field Effect Transistor，MOSFET），简称 MOS 管。此外还有PMOS、NMOS 和 VMOS 功率场效应晶体管，以及 π MOS 场效应晶体管、VMOS 功率模块等。

【重要提醒】

结型场效应晶体管（JFET）因有两个 PN 结而得名；绝缘栅型场效应晶体管（JGFET）则因栅极与其他电极完全绝缘而得名。

【知识窗】

场效应晶体管与晶体管的比较

1）场效应晶体管是电压控制器件，而晶体管是电流控制器件。在只允许从信号源取较少电流的情况下，应选用场效应晶体管；而在信号电压较低，又允许从信号源取较多电流的条件下，应选用晶体管。

2）场效应晶体管是利用多数载流子导电的，所以称之为单极型器件，而晶体管是既有多数载流子，也利用少数载流子导电，所以称之为双极型器件。

3）一些场效应晶体管的源极和漏极可以互换使用，栅压也可正可负，灵活性比晶体管好。

4）场效应晶体管能在很小电流和很低电压的条件下工作，而且它的制造工艺可以很方便地将很多场效应晶体管集成在一块硅片上。

（4）场效应晶体管的作用

场效应晶体管（FET）简称场效应管，也称为单极型晶体管，其作用如下：

1）可应用于放大。由于场效应晶体管放大器的输入阻抗很高，因此耦合电容的容量可以较小，不必使用电解电容器。

2）由于场效应晶体管的输入阻抗很高，所以非常适合作阻抗变换。常用于多级放大器的输入级作阻抗变换。

3）可以用作可变电阻。

4）可以方便地用作恒流源。

5）可以用作电子开关。

（5）场效应晶体管的工作原理

1）截止。如图 2-39 所示，栅源极电压 $U_{GS} \leqslant 0$ 或 $0 < U_{GS} \leqslant U_T$（U_T 为开启电压，又叫阈值电压）时，漏极（D）与源极（S）之间相当于两个反向串联的二极管，不能形成导电沟道。所以 $I_D = 0$，VDMOS 是关断的。

2）导通。如图 2-40 所示，当 $U_{GS} > U_T$ 时，栅极下面的 P 型体区发生反型而形成导电沟道。若加至漏极电压 $U_{DS} > 0$，则会产生漏极电流 I_D，VDMOS 开通。

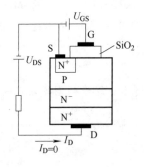

图 2-39　VDMOS 的截止

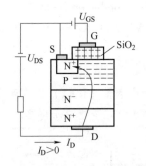

图 2-40　VDMOS 的导通

2. 场效应晶体管的识别

（1）场效应晶体管的电气符号识别

场效应晶体管在电路原理图中常用字母"V"或"VT"表示，在电路原理图中的符号如图 2-41 所示。

N沟道　　P沟道　　　　N沟道　　P沟道　　N沟道　　P沟道

增强型　　　　　耗尽型

a) 结型场效应晶体管　　　　　b) 绝缘栅型场效应晶体管

图 2-41　场效应晶体管的电气符号

> **【重要提醒】**
>
> 　　场效应晶体管图形符号中的箭头是用来区分类型的。箭头从外指向芯片表示 N 沟道场效应晶体管；箭头从芯片指向外表示 P 沟道场效应晶体管。

（2）场效应晶体管的命名识别

　　场效应晶体管现行有两种命名方法。第一种命名方法与双极型晶体管相同，第三位字母 J 代表结型场效应晶体管，O 代表绝缘栅场效应晶体管。第二位字母代表材料，D 是 P 型硅，反型层是 N 沟道；C 是 N 型硅 P 沟道。例如，3DJ6D 是结型 N 沟道场效应晶体管，3DO6C 是绝缘栅型 N 沟道场效应晶体管。

　　第二种命名方法是 CS××#，CS 代表场效应晶体管，×× 以数字代表型号的序号，# 用字母代表同一型号中的不同规格。例如 CS14A、CS45G 等。

（3）场效应晶体管引脚识别

　　与普通晶体管一样，场效应晶体管也有三个引脚，分别是栅极、源极、漏极。场效应晶体管可看做是一只普通晶体管，栅极 G 对应基极 B，漏极 D 对应集电极 C，源极 S 对应发射极 E（N 沟道对应 NPN 型晶体管，P 沟道对应 PNP 型晶体管）。

　　场效应晶体管引脚排列位置依其品种、型号及功能等不同而异。

　　对于大功率场效应晶体管来说，从左至右，其引脚排列基本为 G、D、S 极（散热片接 D 极），如图 2-42a 所示。采用绝缘底板模块封装的场效应晶体管通常有四个引脚，上面的一个引脚与下面的一个短脚通常为内部相连，是 S 极，下面的两个引脚分别为 G、D 极，如图 2-42b 所示。贴片场效应晶体管的上面一个引脚是 D 极，下面的两个引脚分别是 G、S 极，如图 2-42c 所示。

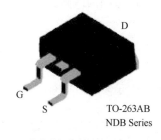

a) 大功率场效应晶体管　　　b) 绝缘底板封装的场效应晶体管　　　c) 贴片场效应晶体管

图 2-42　场效应晶体管的引脚排列

【经验分享】

使用场效应晶体管的注意事项如下：

1) 在使用场效应晶体管时，要注意漏源电压 U_{DS}、漏源电流 I_D、栅源电压 U_{GS} 及耗散功率等值不能超过允许的最大值。

2) 场效应晶体管从结构上看漏源两极是对称的，可以互相调用，但有些产品在制作时已将衬底和源极在内部连在一起，这时漏源两极不能调换使用。

3) 结型场效应晶体管的栅源电压 U_{GS} 不能加正向电压，因为它工作在反偏状态。通常各极在开路状态下保存。

4) 绝缘栅型场效应晶体管的栅源两极绝不允许悬空，因为栅源两极如果有感应电荷，则很难泄放，电荷积累会使电压升高，而使栅极绝缘层击穿，造成管子损坏。所以要在栅源间绝对保持直流通路，保存时务必用金属导线将三个电极短接起来。在焊接时，烙铁外壳必须接电源地端，并在烙铁断开电源后再焊接栅极，以避免交流感应将栅极击穿，并按 S、D、G 极的顺序焊好之后，再去掉各极的金属短接线。

5) 注意各极电压的极性不能接错。

3. 场效应晶体管的检测

(1) 结型场效应晶体管的检测

1) 引脚识别。场效应晶体管的栅极相当于晶体管的基极，源极和漏极分别对应于晶体管的发射极和集电极。将万用表置于 $R \times 1k\Omega$ 档，用两表笔分别测量每两个引脚间的正、反向电阻。当某两个引脚间的正、反向电阻相等，均为数 $k\Omega$ 时，这两个引脚为漏极 D 和源极 S（可互换），余下的一个管脚即为栅极 G。

【重要提醒】

对于有四个引脚的结型场效应晶体管，另外一极是屏蔽极（使用中接地）。

2) 判定栅极。用万用表黑表笔碰触管子的一个电极，红表笔分别碰触另外两个电极。若两次测出的阻值都很小，则说明均是正向电阻，该管属于 N 沟道场效应晶体管，黑表笔接的也是栅极。

制造工艺决定了场效应晶体管的源极和漏极是对称的，可以互换使用，并不影响电路的正常工作，所以不必加以区分。源极与漏极间的电阻约为几千欧。

【重要提醒】

注意不能用此法判定绝缘栅型场效应晶体管的栅极。因为这种管子的输入电阻极高，栅源间的极间电容又很小，测量时只要有少量的电荷，就可在极间电容上形成很高的电压，容易将管子损坏。

3) 估测场效应晶体管的放大能力。将万用表置于 $R \times 100\Omega$ 档，红表笔接源极 S，黑表笔接漏极 D，相当于给场效应晶体管加上 1.5V 的电源电压。这时指针指示出的是 DS 极间电阻值。然后用手指捏住栅极 G，将人体的感应电压作为输入信号加到栅极上。由于管子的放大作用，U_{DS} 和 I_D 都将发生变化，也相当于 DS 极间电阻发生变化，可观察到指针有较大幅度的摆动。如果手捏住栅极时指针摆动很小，则说明管子的放大能力较弱；若指针不动，则说明管子已经损坏。

由于人体感应的 50Hz 交流电压较高，而不同的场效应晶体管用电阻档测量时的工作点可能不同，因此用手捏住栅极时指针可能向右摆动，也可能向左摆动。少数管子的 R_{DS} 减小，使指针向右摆动，多数管子的 R_{DS} 增大，指针向左摆动。无论指针的摆动方向如何，只要能有明显的摆动，就说明管子具有放大能力。

【重要提醒】

本方法也适用于测量 MOS 管。为了保护 MOS 场效应晶体管，必须用手握住螺钉旋具绝缘柄，用金属杆触碰栅极，以防止人体感应电荷直接加到栅极上将管子损坏。

MOS 管每次测量完毕，GS 结电容上会充有少量电荷，建立起电压 U_{GS}，再接着测量时指针可能不动，此时将 GS 极间短路一下即可。

目前常用的结型场效应晶体管和 MOS 型绝缘栅场效应晶体管的引脚顺序如图 2-43 所示。

（2）MOS 型场效应晶体管的检测

1）判定电极。将万用表置于 R×100Ω 档，首先确定栅极。若某脚与其他脚的电阻都是无穷大，则证明此引脚就是栅极 G。交换表笔重测量，SD 之间的电阻值应为几百～几千欧，其中阻值较小的那一次，黑表笔接的是 D 极，红表笔接的是 S 极。

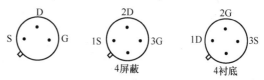

图 2-43　常用场效应晶体管引脚顺序

日本生产的 3SK 系列产品，S 极与管壳接通，据此很容易确定 S 极。

2）检查放大能力（跨导）。将 G 极悬空，黑表笔接 D 极，红表笔接 S 极，然后用手指触摸 G 极，指针应有较大的偏转。双栅 MOS 场效应晶体管有两个栅极 G_1、G_2。为区分它们，可用手分别触摸 G_1、G_2 极，其中指针向左侧偏转幅度较大的为 G_2 极。

【重要提醒】

测量 MOS 场效应晶体管之前，先在手腕上接一条导线与大地连通，使人体与大地保持等电位。以防静电击穿 MOS 场效应晶体管。

（3）VMOS 场效应晶体管的检测

1）判定栅极 G。将万用表置于 R×1kΩ 档，分别测量三个引脚之间的电阻。若发现某脚与其中两脚的电阻均呈无穷大，并且交换表笔后仍为无穷大，则证明此脚为 G 极，因为它和另外两个引脚是绝缘的。

2）判定源极 S、漏极 D。由于在漏源极之间有一个 PN 结，因此根据 PN 结正、反向电阻存在差异，可识别 S 极与 D 极。交换表笔再测两次电阻，其中电阻值较小（一般为几千～

十几千欧）的一次为正向电阻，此时黑表笔接的是 S 极，红表笔接 D 极。

3）测量漏源通态电阻 $R_{DS(on)}$。将 GS 极短路，选择万用表的 R×1Ω 档，黑表笔接 S 极，红表笔接 D 极，阻值应为几～十几欧。由于测试条件不同，所以测出的 $R_{DS(on)}$ 值比手册中给出的典型值要高一些。

4）检查跨导。将万用表置于 R×1kΩ（或 R×100Ω）档，红表笔接 S 极，黑表笔接 D 极，手持螺钉旋具碰触栅极，指针应有明显偏转，偏转越大，管子的跨导越高。

> **【重要提醒】**
>
> VMOS 管分为 N 沟道管与 P 沟道管，但绝大多数产品属于 N 沟道管。对于 P 沟道管，测量时应交换表笔的位置。有少数 VMOS 管在 GS 极之间并有保护二极管，本检测方法中的 1）、2）项不再适用。

【练一练】

1. 选择题
(1) 场效应晶体管是用（ ）控制漏极电流的。
A. 栅源电流　　　　B. 栅源电压　　　　C. 漏源电流　　　　D. 漏源电压
(2) 场效应晶体管靠（ ）导电。
A. 一种载流子　　　B. 两种载流子　　　C. 电子　　　　　　D. 空穴
(3) 场效应晶体管本质上是一个（ ）。
A. 电流控制电流源器件　　　　　　　B. 电流控制电压源器件
C. 电压控制电流源器件　　　　　　　D. 电压控制电压源器件
2. 说一说场效应晶体管与晶体管有何区别。

2.1.4　晶闸管识别与应用

1. 晶闸管简介

晶闸管是晶体闸流管的简称，又称为可控硅整流器，以前被简称为可控硅。晶闸管也像半导体二极管那样具有单向导电性，但它的导通是可控的。

晶闸管是一种开关器件，只有导通和关断两种工作状态，是典型的小电流控制大电流的器件。能在高电压、大电流条件下工作，且其工作过程可以控制，被广泛应用于可控整流、交流调压、无触点电子开关、逆变及变频等电子电路中。

晶闸管的种类很多，按关断、导通及控制方式，晶闸管可分为单向晶闸管（也称为普通晶闸管）、双向晶闸管、逆导晶闸管、控制极关断晶闸管（GTO）、BTG 晶闸管、温控晶闸管和光控晶闸管等。

晶闸管的基本结构是由 P_1—N_1—P_2—N_2 三个 PN 结四层半导体构成的。其中 P_1 层引出电极 A 为阳极；N_2 层引出电极 K 为阴极；P_2 层引出电极 G 为控制极，如图 2-44 所示。

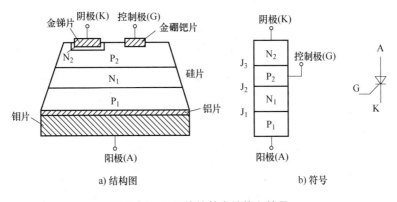

a) 结构图　　　　　　　　　　　　b) 符号

图 2-44　晶闸管的基本结构和符号

【重要提醒】

晶闸管是一个可控制的单向开关器件，它的导通条件为①阳极到阴极之间加上阳极比阴极高的正偏电压；②晶闸管控制极要加门极比阴极电位高的触发电压。

晶闸管的关断条件为晶闸管阳极接电源负极，阴极接电源正极，或使晶闸管中电流减小到维持电流以下。

---

2. 晶闸管的识别方法

（1）晶闸管的外形

晶闸管的外形封装形式可分为小电流塑封式、小电流螺旋式、大电流螺旋式和大电流平板式；按电流容量，可分为大功率晶闸管、中功率晶闸管和小功率晶闸管，为方便使用，还生产了晶闸管模块，如图 2-45 所示。

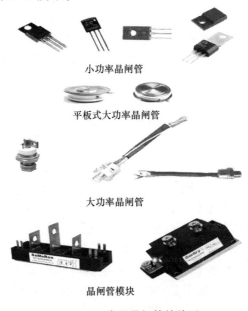

小功率晶闸管

平板式大功率晶闸管

大功率晶闸管

晶闸管模块

图 2-45　常用晶闸管的外形

【重要提醒】

晶闸管的外形可分为螺栓形和平板形两大类。螺栓形结构更换器件很方便，用于100A以下的器件；平板形结构散热效果比较好，用于200A以上的器件。

（2）晶闸管的电气符号识别

晶闸管有单向的和双向的之分，其电气符号如图2-46所示。

（3）晶闸管引脚识别

常用单向晶闸管的引脚排列如图2-47所示。

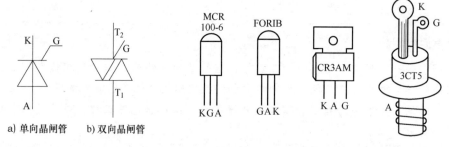

a) 单向晶闸管　　b) 双向晶闸管

图 2-46　晶闸管的电气符号　　　　　图 2-47　单向晶闸管的引脚排列

1）螺栓形单向晶闸管的螺栓端为阳极 A，较细的引线端为控制极 G，较粗的引线端为阴极 K。

2）平板形单向晶闸管的引出线端为控制极 G，平面端为阳极 A，另一端为阴极 K。

3）金属壳封装（TO-3）的单向晶闸管，其外壳为阳极 A。

4）塑封（TO-220）的单向晶闸管的中间引脚为阳极 A，且多与自带散热片相连。

双向晶闸管的引脚排列顺序多数是面对有字符一面，电极引脚向下，从左至右依次是 T_1、T_2、G，如图 2-48 所示。

3. 晶闸管的检测

（1）单向晶闸管的检测

1）判别引脚。选择万用表 R×100Ω 或 R×1kΩ档，测量晶闸管任意两脚的正、反向电阻。若测得的结果都接近无穷大，则被测两脚为阳极及阴极，另外一脚为控制极。然后用万用表红表笔接控制极，用黑表笔分别触碰另外两个电极测量电阻，电阻小的一脚为阴极，电阻大的为阳极。

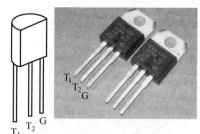

图 2-48　双向晶闸管的引脚排列

2）极间阻值的测量。将万用表置 R×1kΩ 档，按图2-49所示方法进行测量。

按图2-49a测得的正向阻值应为几千欧。若阻值很小，说明 GK 间 PN 结击穿；若阻值过大，则说明极间有断路现象。按图2-49b测得的反向电阻应为无穷大，当阻值很小或为零时，说明 PN 结有击穿现象。按图2-49c测得的阻值应为无穷大，若阻值较小，则说明内部有击穿或短路现象。按图2-49d测得 AK 极间的正、反向阻值均应为无穷大，否则说明内部

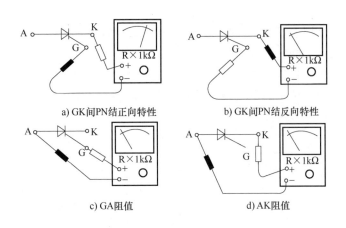

a) GK间PN结正向特性　　　b) GK间PN结反向特性

c) GA阻值　　　　　　　　d) AK阻值

图 2-49　晶闸管极间阻值的测量

有击穿或短路现象。

3）导通特性的测量。导通特性的测量方法如图 2-50 所示。当按钮开关 SB 处于断开状态时，待测晶闸管 VS 处于阻断状态，白炽灯因无电流流过应不发亮。若白炽灯发亮，则说明晶闸管击穿；若白炽灯灯丝发红，则说明晶闸管漏电严重。按下开关 SB 时，晶闸管被触发导通，白炽灯被点燃发亮；断开 SB 时，白炽灯应不熄灭，这说明晶闸管的触发导通特性没有问题。若按下开关 SB 时白炽灯不是很亮，则说明晶闸管导通压降大。若断开 SB 时白炽灯同时熄灭，则说明晶闸管控制极损坏。

4）触发检测。如图 2-51 所示，将万用表置于 R×1Ω 或 R×10Ω 档，将黑表笔接阳极 A，红表笔接阴极 K，万用表应指示为不通（零偏）。此时如果用控制极 G 接触一下黑表笔，则万用表应指示导通（接近满偏）。即使断开控制极 G，只要阳极 A 和阴极 K 保持与表笔接触，就能一直维持导通状态。如果上述测量过程不能顺利进行，则说明该管是坏的。

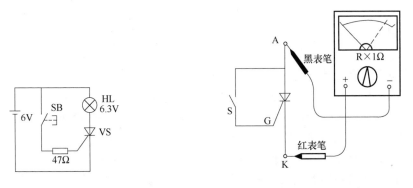

图 2-50　晶闸管导通特性测量示意图　　　图 2-51　测量小功率单向晶闸管的触发能力

大功率普通晶闸管由于其触发电流和维持电流较大，超出万用表电阻档输出的电流值，因此不能触发。可在表外串联一节 1.5V 电池，再按上述方法测量，一般可以触发，如图 2-52 所示。

（2）双向晶闸管的检测

1）判别引脚。万用表置于 R×1Ω 或 R×10Ω 档，测量晶闸管任意两脚间的电阻，其中正反向都导通时，两个被测引脚分别为 G 和 T_2；另一个引脚为 T_1，T_1 与 G 或 T_2 之间应该是正反向都不通的，否则该管可能是坏的。G 与 T_2 要通过导通后电阻值的大小来识别，即分别测量 G 与 T_2 之间的正反向电阻，在阻值较小（电阻值在 10Ω 左右）的一次测量中，红表笔所接的是控制极 G，如图 2-53a 所示。

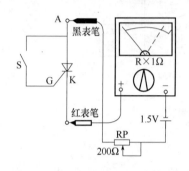

图 2-52　测量大功率单向晶闸管的触发能力

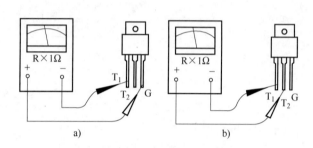

图 2-53　双向晶闸管的检测

2）触发能力检测。万用表置于 R×1Ω 或 R×10Ω 档，将黑表笔接 T_1，红表笔接 T_2，万用表应指示为不通（零偏）。此时如果用控制极 G 接触一下 T_1（黑表笔），则万用表应指示导通（接近满偏）。即使断开控制极 G，只要 T_1 和 T_2 保持与表笔接触，就能一直维持导通状态，如图 2-53b 所示。调换黑、红表笔，重复上述测量，注意此时 G 仍要接触 T_1（红表笔），如果上述测量过程不能顺利进行，则说明该管是坏的。

大功率双向晶闸管由于其触发电流和维持电流较大，超出万用表电阻输出的电流值，因此不能触发。可在表外串联一节 1.5V 电池，再按上述方法测量，一般可以触发。

（3）逆导晶闸管的检测

利用万用表和绝缘电阻表可以检查逆导晶闸管的好坏。测试内容主要分三项。

1）检查逆导性。选择万用表 R×1Ω 档，黑表笔接 K 极，红表笔接 A 极，电阻值应为 5～10Ω，如图 2-54a 所示。若阻值为零，则证明内部二极管短路；若电阻为无穷大，则说明二极管开路。

2）测量正向直流转折电压 $V_{(BO)}$。按照图 2-54b 所示接好电路，再按额定转速摇绝缘电阻表，使 RCT 正向击穿，从直流电压表上读出 $V_{(BO)}$ 值。

3）检查触发能力。例如，用 500 型万用表和 ZC25-3 型 500V 绝缘电阻表测量一只 S3900MF 型逆导晶闸管。依次选择 R×1kΩ、R×100Ω、R×10Ω 和 R×1Ω 档测量 AK 极间反向电阻，同时用读取电压法求出内部二极管的反向导通电压 V_{TR}（实际是二极管正向电压 V_F）。再用绝缘电阻表和万用表 500V DC 档测得 $V_{(BO)}$ 值。全部数据整理成表 2-8。由此证明被测 RCT 质量良好。

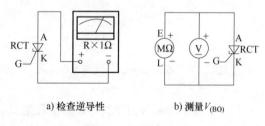

a) 检查逆导性　　　b) 测量 $V_{(BO)}$

图 2-54　逆导晶闸管的检测

表 2-8　S3900MF 型逆导晶闸管测试结果

万用表	兆欧表	电阻值/Ω	n'/格	V_{TR}/V	$V_{(BO)}$/V
R×1k	—	2.6k	10	0.3	—
R×100	—	360	13	0.39	—
R×10	—	52	17	0.51	—
R×1	—	8	22	0.66	—
—	ZC25-3	10M	—	—	320

说明：$V_{TR} = 0.03n'(\text{V})$。

（4）光控晶闸管的检测

1）用万用表检测小功率光控晶闸管时，可将万用表置于 R×1Ω 档，在黑表笔上串接 1~3 节 1.5V 干电池，测量两引脚之间的正、反向电阻值，正常时均应为无穷大。

然后，再用小手电或激光笔照射光控晶闸管的受光窗口，此时应能测出一个较小的正向电阻值，但反向电阻值仍为无穷大。在较小电阻值的一次测量中，黑笔接的是阳极 A，红表笔接的是阴极 K。

2）我们也可用如图 2-55 所示电路对光控晶闸管进行测量。接通电源开关 S，用手电照射晶闸管的受光窗口，为其加上触发光源（大功率光控晶闸管自带光源，只要将其光缆中的发光二极管或半导体激器加上工作电压即可，不用外加光源）后，指示灯应点亮，撤离光源后指示灯应维持发光。

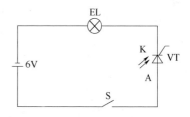

图 2-55　光控晶闸管测试电路

若接通电源开关 S 后（尚未加光源），指示灯即点亮，则说明被测晶闸管已击穿短路。若接通电源开关并加上触发光源后，指示灯仍不亮，在被测晶闸管电极连接正确的情况下，则说明该晶闸管内部损坏。若加上触发光源后，指示灯发光，但取消光源后指示灯即熄灭，则说明该晶闸管触发性能不良。

【练一练】

（1）已经导通的晶闸管在什么条件下才能从导通转为截止？

（2）晶闸管是否有放大作用？

模块 2　难点易错点解析

2.2.1　二极管难点易错点

1. 什么是二极管的正向额定电流？

二极管的额定电流是二极管的主要标称值，比如 5A/100V 的二极管，5A 就是额定电流。通常额定电流的定义是该二极管所能通过的额定平均电流。理论上来说，对于硅二极管，以方波为测试条件的二极管能通过更大的直流电流，因为同样平均电流的方波相较于直流电流会给二极管带来更大损耗。那么 5A 的二极管是否一定能通过 5A 的电流？不一定，这个和温度有关，如果散热条件不足够好，那么二极管能通过的电流会被结温限制。

2. 什么是二极管的反向额定电压？

二极管反向截止时，可以承受一定的反向电压，那么其最高可承受的反向电压就是反向额定电压。比如 5A/100V 的二极管，其反向额定电压就是 100V。虽然所有二极管生产厂商都会留一定的余量，如 100V 的二极管通常用到 110V 都不会有问题，但是不建议这么用，因为超过额定值后生产厂商就无法保证其可靠性了。

3. 什么是二极管的反向漏电流？

二极管在反向截止时，并不是完全理想的截止。在承受反向电压时，会有微小的电流从阴极漏到阳极。这个电流通常很小，而且反向电压越高，漏电流越大；温度越高，漏电流越大。大的漏电流会带来较大的损耗，特别是在高压场合应用时。

4. 什么是二极管的正向冲击电流？

开关电源在开机或者其他瞬态情况下，需要二极管能够承受很大的冲击电流而不损坏。当然这种冲击电流应该不是重复性，或者间隔时间很长的。通常二极管的数据手册都有定义这个冲击电流，其测试条件往往是单个波形的冲击电流，比如单个正弦波或者方波。

5. 什么是肖特基二极管？

肖特基二极管是一种利用肖特基势垒工艺的二极管，和普通的 PN 结二极管相比，其优点是反向恢复时间更快，很多称之为 0 反向恢复时间，虽然并不是真的 0 反向恢复时间，但是相对普通二极管要快很多。其缺点是反向漏电流比较大，所以无法做成高压的二极管。

目前的肖特基二极管，基本都是 200V 以下的。

6. 什么是碳化硅二极管？

通常我们所用的基本都是以硅为原料的二极管，但是最近比较热门的碳化硅二极管是用碳化硅为原料的二极管。目前常见的多为高压的肖特基碳化硅二极管，其优点是反向恢复特性很好，可媲美肖特基硅二极管，而且可以做高压的二极管。在 PFC 中已有较多应用。缺点是正向导通压降比较大。还有一点与硅二极管不同的是其导通压降会随温度上升而增大。

7. 二极管适合并联使用吗？

理论上来说，硅二极管由于导通压降随温度上升而下降，所以不建议二极管并联使用。因为二极管的正向压降是非线性的，使每个二极管正向电压会有很小的不同（尽管是相同型号的），这样并联的话，会造成电流很不均衡（流过每个二极管的电流不同）。

如果一定要将二极管并联使用，则建议在每个二极管中串联一个小阻值的电阻（均流电阻）再并联，可以尽量使电流均衡些，如图 2-56 所示。

8. 常用二极管有哪些用途？

二极管是非常重要的电子器件，其种类很多，在故障电路中应用非常广。表 2-9 列举了常用二极管的用途。

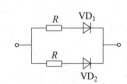

图 2-56　二极管并联使用

表 2-9　常用二极管的用途

种　类	用　途	种　类	用　途
整流二极管	1）用于调谐电路 2）用于倍频电路 3）用于控制电路 4）用于其他电路	检波二极管	1）用于检波电路 2）用于鉴频电路 3）用于鉴相电路 4）用于混频电路 5）用于限幅电路 6）用于 AGC 电路 7）用于测试电路 8）用于指示器电路 9）用于其他电路
变容二极管	1）用于调谐电路 2）用于倍频电路 3）用于控制电路 4）用于其他电路	恒流二极管	1）用于稳流电路 2）用于充电电路 3）用于测试电路 4）用于放大电路 5）用于保护电路 6）用于其他电路
稳压二极管	1）用于稳压电路 2）用于延迟电路 3）用于保护电路 4）用于其他电路	双向触发二极管	1）用于调压电路 2）用于控制电路 3）用于其他电路
发光二极管	1）用作指示灯 2）用作指示器 3）用于显示器 4）用于检测电路 5）用于闪烁电路 6）用于整流电路 7）用于稳压电路 8）用于其他电路	负阻发光二极管	1）用于过电压保护电路 2）用于其他电路
红外发光二极管	1）用于发射器 2）用于接收器	肖特基二极管	1）用作逆变器的保护 2）用作开关电源续流 3）用作升压二极管 4）用作阻尼二极管
隧道二极管	1）用于高频电路 2）用于单、双稳态电路 3）用于保护电路	开关二极管	1）用于检波电路 2）用于钳位电路 3）用于抗干扰电路 4）用于自动控制电路 5）用于保护电路 6）用于门电路 7）用于其他电路

（续）

种　类	用　途	种　类	用　途
硅电压开关二极管	1）用于高压发生器 2）用于脉冲发生器	光敏二极管	1）用于光控电路 2）用于光信号放大 3）用于光/暗通光控
温敏二极管	1）用于温控电路 2）用于恒压源电路 3）用于恒流源电路	精密二极管	1）用于恒流源电路 2）用于恒压源电路 3）用于桥式对管测量 4）用于数字温度测量 5）用于优质对数放大 6）用于晶体管线性化 7）用于热敏电阻线性化
快恢复二极管	1）用于整流电路 2）用于续流管 3）用作升压管 4）用作阻尼管 5）用于其他电路	双向过压保护二极管	1）用于保护电路 2）用于其他电路

9. 二极管典型应用电路有哪些？

几乎在所有的电子电路中都要用到半导体二极管，二极管是诞生最早的半导体器件之一，在许多电路中都起着重要的作用，应用范围十分广泛。

（1）二极管整流电路

利用二极管的单向导电性，可以将交变的正弦波变换成单一方向的脉动直流电。

图 2-57a 所示为一个单相半波整流电路。图 2-57a 中变压器 T_r 的输入电压为单相正弦交流电压，波形如图 2-57b 所示。变压器的输出与二极管 VD 相串联后与负载电阻 R_L 相接。由于二极管的单向导电性，变压器 T_r 的输出电压正半周大于死区的部分才能使二极管 VD 导通，其余输出均被二极管阻断，因此，负载 R_L 上获得的电压为如图 2-57c 所示的单向半波整流电压，电路实现了对输入的半波整流。

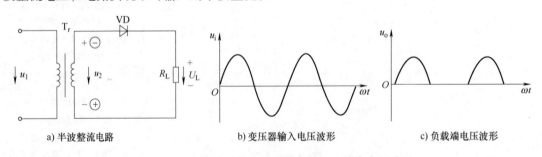

a) 半波整流电路　　　　　　b) 变压器输入电压波形　　　　　c) 负载端电压波形

图 2-57　二极管半波整流电路及其输入、输出电压波形

图 2-58a 所示为单相全波整流电路。图 2-58b 所示为电路输入的正弦交流电压波形。

当变压器 T_r 输出正半周时，二极管 VD_1 导通、VD_2 截止，电流由变压器二次侧上引出端→VD_1→负载 R_L→回到变压器二次侧中间引出端，R_L 上得到了第一个输出电压正向半波；

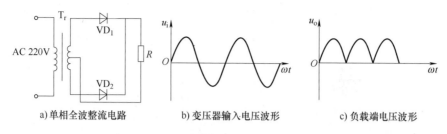

a) 单相全波整流电路　　　　b) 变压器输入电压波形　　　　c) 负载端电压波形

图 2-58　二极管全波整流电路及输入、输出电压波形

变压器 T_r 输出负半周时，二极管 VD_2 导通、VD_1 截止，电流由变压器二次侧下引出端→VD_2→负载 R_L→回到变压器二次侧中间引出端，R_L 上得到了第二个输出电压的正向半波。如此不断循环往复，负载 R_L 两端就得到一个如图 2-58c 所示的单向整流电压，实现了对输入的全波整流。

图 2-59a 所示为桥式全波整流电路。图 2-59b 所示为电路输入的正弦交流电压波形。

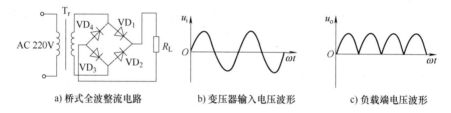

a) 桥式全波整流电路　　　　b) 变压器输入电压波形　　　　c) 负载端电压波形

图 2-59　二极管桥式全波整流电路及输入、输出电压波形

当变压器 T_r 输出正半周时，二极管 VD_1、VD_3 导通，VD_4、VD_2 截止，电流由变压器二次侧上引出端→VD_1→负载 R_L→VD_3→回到变压器二次侧下引出端，R_L 上得到了第一个输出电压正向半波；变压器 T_r 输出负半周时，二极管 VD_2、VD_4 导通，VD_3、VD_1 截止，电流由变压器二次侧下引出端→VD_2→负载 R_L→VD_4→回到变压器二次侧上引出端，R_L 上得到了第二个输出电压正向半波。如此不断循环往复，负载 R_L 两端就得到一个如图 2-59c 所示的单向输出电压，从而实现了对输入的全波整流。

（2）二极管钳位电路

图 2-60 所示为二极管钳位电路，此电路利用了二极管正向导通时压降很小的特性。限流电阻 R 的一端与直流电源 U（+）相连，另一端与二极管阳极相连，二极管阴极连接端子为电路输入端 A，阳极向外引出的 F 点为电路输出端。

当图 2-60 中 A 点电位为零时，二极管 VD 正向导通，按理想二极管来分析，即二极管正向导通时压降为零，则输出端 F 的电位被钳制在 0V，即 $V_F \approx 0$。若 A 点电位较高，则不能使二极管导通，电阻上无电流通过，输出端 F 的电位被钳制在 U（+）。

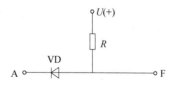

图 2-60　二极管钳位电路

（3）二极管双向限幅电路

在图 2-61 所示二极管双向限幅电路中，二极管正向导通后，其正向压降基本保持不变（硅管为 0.7V，锗管为 0.3V）。利用这一特性，在电路中作为限幅器件，可以将信号幅度限制在一定范围内。利用二极管正向导通时压降很小且基本不变的特点，还可以组成各种限幅电路。

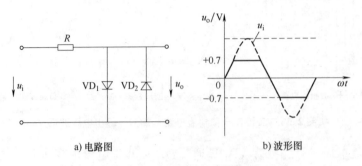

a) 电路图   b) 波形图

图 2-61　二极管双向限幅电路

2.2.2　晶体管难点易错点

1. 为什么说一个晶体管不能用两个二极管代替?

如图 2-62 所示,晶体管内部的工艺条件是决定其具有电流放大作用的内部依据。

1) 发射区掺杂浓度较高,以利于发射区向基区发射载流子。

2) 基区很薄,掺杂少,这样载流子易于通过。

3) 集电区比发射区体积大且掺杂少,利于收集载流子。

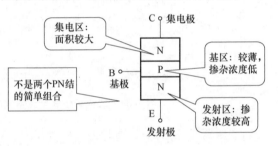

基于上述特点,可知晶体管并不是两个 PN 结的简单组合,它不能用两个二极管代替,也不可以将发射极和集电极调换使用。

图 2-62　晶体管特殊的工艺结构

2. 如何判断晶体管的工作状态?

根据晶体管工作时各个电极的电位高低可以判别出晶体管的工作状态。维修人员在维修过程中,经常要拿万用表测量晶体管各引脚的电压,从而判别晶体管的工作情况和工作状态。

晶体管具有三种工作状态,即截止状态、放大状态、饱和状态。

(1) 放大状态

晶体管工作于放大状态时,发射结正偏,集电结反偏。即

NPN 型晶体管: $V_C > V_B > V_E$。

PNP 型晶体管: $V_C < V_B < V_E$。

此时,晶体管具有电流放大作用,其电流放大倍数 $\beta = \Delta I_C / \Delta I_B$。

(2) 截止状态

晶体管工作在截止区时,晶体管的两个结均处于反向偏置状态,晶体管这时失去了电流放大作用,集电极和发射极之间相当于开关的断开状态。对 NPN 型晶体管, $U_{BE} < 0$, $U_{BC} < 0$。

(3) 饱和状态

晶体管工作在饱和区时,发射结和集电结都处于正向偏置状态,这时晶体管失去电流放

大作用，集电极和发射极之间相当于开关的导通状态。对 NPN 型晶体管，$U_{BE} > 0$，$U_{BC} > 0$。

晶体管工作状态的判断方法可归纳为表 2-10。根据晶体管工作时各个电极的电位高低就能判别晶体管的工作状态，图 2-63 所示为根据实际电路测得的几只晶体管各电极的电位，我们可以判断出各个晶体管的工作状态。

表 2-10　晶体管工作状态的判断方法

工作状态	发射极	集电极
放大状态	正偏	反偏
饱和状态	正偏	正偏或零偏置
截止状态	反偏或零偏置	反偏

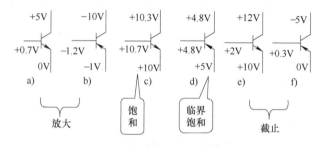

图 2-63　晶体管工作状态的判断实例

3. 如何检测晶体管的穿透电流 I_{CEO}？

晶体管的穿透电流 I_{CEO} 的数值近似等于管子的放大倍数 β 和集电结的反向电流 I_{CBO} 的乘积。通过使用万用表电阻档直接测量晶体管 EC 极之间电阻的方法，可以间接估计 I_{CEO} 的大小，具体方法如下：

万用表选用 $R \times 100\Omega$ 或 $R \times 1k\Omega$ 档，对于 PNP 型晶体管，黑表管接 E 极，红表笔接 C 极；对于 NPN 型晶体管，黑表笔接 C 极，红表笔接 E 极。要求测得的电阻越大越好。EC 间的阻值越大，说明管子的 I_{CEO} 越小；反之，所测阻值越小，说明被测管的 I_{CEO} 越大。

一般说来，中、小功率硅管和锗材料低频管的阻值应分别在几百千欧、几十千欧及十几千欧以上，如果阻值很小或测试时万用表指针来回晃动，则表明 I_{CEO} 很大，管子的性能不稳定。

4. 如何检测电路板上晶体管的好坏？

在实际应用中，中、小功率晶体管多直接焊接在印制电路板上，由于元器件的安装密度大，拆卸比较麻烦，所以在检测时常常通过使用万用表直流电压档测量被测晶体管各引脚的电压值来推断其工作是否正常，进而判断其好坏。

5. 如何检测大功率晶体管的好坏？

利用万用表检测中、小功率晶体管的极性、管型及性能的各种方法对检测大功率晶体管来说基本上适用。但是，由于大功率晶体管的工作电流比较大，因此其 PN 结的面积也较大，其反向饱和电流也必然增大。所以，若像测量中、小功率晶体管极间电阻那样，使用万用表的 $R \times 1k\Omega$ 档测量，则必然测得的电阻值很小，好像极间短路一样，因此通常使用 $R \times 10$ 或

$R \times 1\Omega$ 档检测大功率晶体管。

6. 晶体管电流放大作用的实质是什么？

晶体管具有电流放大作用。其实质是晶体管能以基极电流 I_B 微小的变化量来控制集电极电流 I_C 较大的变化量，即以小控大。因此，晶体管属于电流控制器件。这是晶体管最基本的和最重要的特性。

电流放大倍数对于某一只晶体管来说是一个定值，但随着晶体管工作时基极电流的变化也会有一定的改变。

7. 晶体管有死区电压吗？

晶体管的死区电压与二极管的死区电压基本相同。

8. 晶体管的连接方式有哪些？

在放大电路中，晶体管有共发射极、共集电极和共基极三种连接方式，如图 2-64 所示。

a) 共发射极　　　　b) 共集电极　　　　c) 共基极

图 2-64　晶体管的连接方式

1）共射级电路：电压、电流、功率增益都比较大。

2）共基集电路：宽频带或高频带情况下，稳定性好。

3）共集电极电路：输入电阻高，输出电阻低，多用于输入输出缓冲器。

9. 如何理解复合管？

在一个管壳内装有两个以上的电极系统，且每个电极系统各自独立通过电子流，实现各自的功能，这种晶体管称为复合管。换言之，复合管就是指用两只晶体管按一定规律进行组合，等效成一只晶体管。复合管又称达林顿管，如图 2-65 所示。

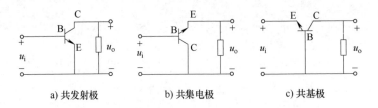

a)　　　　　　　　　　b)

c)　　　　　　　　　　d)

图 2-65　复合管

由图 2-65 可看出，复合管的组合方式有四种接法。图 2-65a 中为 NPN 管加 NPN 管构成 NPN 型复合管；图 2-65b 中为 PNP 管加 PNP 管构成 PNP 型复合管；图 2-65c 中为 NPN 管加 PNP 管构成 NPN 型复合管；图 2-65d 中为 PNP 管加 NPN 管构成 PNP 型复合管。前两种是同极性接法，后两种是异极性接法。显然复合管也有 NPN 型和 PNP 型两种，其类型与第一只管子相同。

以图 2-65a 为例，有 $i_C = i_{C1} + i_{C2} = \beta_1 i_B + \beta_2 (1 + \beta_1) i_{B1} = (\beta_1 + \beta_2 + \beta_1 \beta_2) i_B$

显然，复合管的电流放大系数比普通晶体管大得多。

由于复合管具有很大的电流放大能力，所以用复合管构成的放大电路具有更高的输入电阻。鉴于复合管的这种特点，常常被用于音频功率放大电路、电源稳压电路、大电流驱动电路、开关控制电路、电动机调速电路及逆变电路等电路中。

10. 使用晶体管应注意哪些问题？

1）耐压是否处于正常范围；

2）负载电流够不够大；

3）速度够不够快，或者是否为慢速；

4）基极控制电流够不够；

5）有时要考虑功率问题；

6）有时要考虑漏电流问题，能否完全截止；

7）一般不用考虑增益。

2.2.3　场效应晶体管难点易错点

1. 场效应晶体管的性能与晶体管比较有何不同？

1）场效应晶体管是另一种半导体放大器件，属于电压控制器件，其输出电流取决于栅源极之间的电压 U_{GS}，栅极基本上没有电流。

2）场效应晶体管的输入端电流极小，因此它的输入电阻很大。高输入电阻是场效应晶体管的突出优点。

3）场效应晶体管是利用多数载流子导电的，因此它的温度稳定性较好。

4）场效应晶体管的漏极和源极可以互换，耗尽型绝缘栅管的栅极电压可正可负，灵活性比双极型晶体管强。

5）场效应晶体管组成放大电路的电压放大系数要小于晶体管组成放大电路的电压放大系数。

6）场效应晶体管的抗辐射能力强。

7）由于不存在杂乱运动的少数载流子扩散引起的散粒噪声，所以噪声低。

2. 场效应晶体管放大电路的偏置电路有何特点？

1）场效应晶体管是电压控制器件，因此，放大电路只要求建立合适的偏置电压 V_{GS}，不要求偏置电流。

2）不同类型的场效应晶体管对偏置电压的极性有不同要求。如 JFET 必须是反极性偏置，即 V_{GS} 与 V_{DS} 极性相反；增强型 MOSFET 的 V_{GS} 和 V_{DS} 必须是同极性偏置；耗尽型 MOSFET 的 V_{GS} 可正偏、零偏或反偏。

3）场效应晶体管的跨导 g_m 都较低，对放大性能不利，因此，必须设置较高的静态工作点。为了减小静态工作点受温度变化的影响，常采用有稳定工作点的电路。

基于上述特点，必须根据不同的场效应晶体管选用不同的偏置电路。在分立元器件的场效应晶体管放大电路中，偏置电路有零偏压、固定偏压、自偏压、混合偏置等形式；在集成电路中常采用不同的电流源作为偏置电路。

零偏压电路只适用于耗尽型 MOSFET 放大电路；固定偏压适用于所有的场效应晶体管放大电路；自偏压适用于 JFET 和耗尽型 MOSFET 放大电路；混合偏置既包含了固定偏压又包含了自偏压，适用于所有的场效应晶体管放大电路。

3. 如何防止绝缘栅型场效应晶体管击穿？

绝缘栅型场效应晶体管的输入阻抗非常高，这本来是它的优点，但在使用中会出现管子还未使用或者在焊接时就已经击穿或者出现指标下降的现象，特别是 MOS 管，其绝缘层很薄，更易击穿损坏。

为了避免出现这样的故障，关键在于应避免栅极悬空，也就是在栅源两极之间必须保持直流通路。通常是在栅源两极之间接一个电阻（100kΩ 以内），使累积电荷不至于过多；或者接一个稳压管，使电压不至于超过某一数值。

在保存时应使三个电极短路，并放在屏蔽的金属盒内。将管子焊到电路上或取下来时，也应该先将各个电极短路。安装测试时所用的烙铁仪器等要有良好的接地，最好拔掉电烙铁的电源再进行焊接。

4. 场效应晶体管在使用中应注意哪些事项？

1）在 MOS 管中，有的产品将衬底引出（即管子有四个引脚），以便使用者视电路需要而任意连接。这时 P 衬底一般应接 U_{GS} 的低电位，即保证二氧化硅绝缘层中的电场方向自上而下；N 衬底通常应接高电位，即保证二氧化硅绝缘层中的电场方向自下而上。但在特殊电路中，当源极的电位很高或很低时，为了减轻源衬间电压对管子导电性能的影响，可将源极与衬底连在一起（大多数产品出厂时已经将衬底与源极连在了一起）。

2）当衬底和源极未连在一起时，场效应晶体管的漏极和源极可以互换使用，互换后其伏安特性不会发生明显变化。若 MOS 管在出厂时已将源极和衬底连在一起，则管子的源极与漏极就不能再对调使用，这一点在使用时必须加以注意。

3）场效应晶体管的栅源电压不能接反，但可以在开路状态下保存。为保证其衬底与沟道之间恒为反偏，一般 N 沟道型 MOS 管的衬底 B 极应接电路中的最低电位。还要特别注意可能出现栅极感应电压过高而造成绝缘层击穿的问题，因为 MOS 管的输入电阻很高，使得栅极的感应电荷不易泄放，在外界电压影响下，容易导致在栅极中产生很高的感应电压，造成管子击穿故障。所以，MOS 管在不使用时应避免栅极悬空及减少外界感应，贮存时务必将 MOS 管的三个电极短接。

4）当把管子焊到电路中或从电路板上取下时，应先用导线将各电极绕在一起。所用电烙铁必须有外接地线，以屏蔽交流电场，防止损坏管子，特别是焊接 MOS 管时，最好断电后利用其余热焊接。

2.2.4 晶闸管难点易错点

1. 晶闸管损坏的原因有哪些？

晶闸管的过载能力差，因此在使用过程中经常会发生烧坏晶闸管的现象。晶闸管烧坏都是由于温度过高造成的，而温度是由晶闸管的电特性、热特性、结构特性决定的。

从晶闸管的各项参数来看，经常发生故障的参数有电压、电流、dv/dt、di/dt、漏电、开通时间、关断时间等，甚至有时控制极也可能烧坏。

一般情况下阴极表面或芯片边缘有一个烧损的小黑点说明是由于电压引起的，由电压引起烧坏晶闸管的原因有两种，一是晶闸管电压失效，电压失效分早期失效、中期失效和晚期失效；二是线路问题，线路中产生了过电压，且对晶闸管所采取的保护措施失效。

电流烧坏晶闸管通常是阴极表面有较大的烧损痕迹，甚至将芯片、管壳等金属大面积熔化。由 di/dt 所引起的烧坏晶闸管的现象较容易判断，一般部是门极或放大门极附近烧成一个小黑点。

dv/dt 本身是不会烧坏晶闸管的，只是高的 dv/dt 会使晶闸管误触发导通，其表面现象与电流烧坏的现象差不多。

2. 在桥式整流电路中，将二极管都换成晶闸管是不是就成了可控整流电路了呢？

普通晶闸管最基本的用途就是可控整流。大家熟悉的二极管整流电路属于不可控整流电路。如果将二极管换成晶闸管，则可以构成可控整流电路。

3. 双向晶闸管和单向晶闸管两者能相互替换吗？

单向晶闸管有其独特的特性，当阳极接反向电压，或者阳极接正向电压但控制极不加电压时，它都不导通；而当阳极和控制极同时接正向电压时，它就会变成导通状态。一旦导通，控制电压便失去了对它的控制作用，不论有没有控制电压，也不论控制电压的极性如何，将一直处于导通状态。要想关断，则只能将阳极电压降低到某一临界值或者反向。

双向晶闸管硅的引脚多数是按 T_1、T_2、G 的顺序从左至右排列（电极引脚向下并面对有字符的一面时），加在控制极 G 上触发脉冲的大小或时间改变时，就能改变其导通电流的大小。

双向晶闸管 G 极上触发脉冲的极性改变时，其导通方向就随着极性的变化而改变，从而能够控制交流电负载；而单向晶闸管经触发后只能从阳极向阴极单方向导通，所以晶闸管有单双向之分。

4. 关于晶闸管触发驱动的问题

晶闸管作为开关器件，当触发脉冲的持续时间较短时，脉冲幅度必须相应增加，同时脉冲宽度也取决于阳极电流达到擎住电流的时间。在感性负载的系统中，阳极电流上升率低，若不施加宽脉冲触发，则晶闸管往往不能维持导通状态。采用高电平触发的缺点是晶闸管损耗过大。

5. 关于晶闸管阻断的问题

晶闸管是一种开关器件，在应用过程中，影响关断时间的因素有结温、通态电流及其下降率、反向恢复电流下降率、反向电压及正向 dv/dt 值等。其中以结温和反向电压影响最大，结温越高，关断时间越长；反压越高，关断时间越短。

6. 如何理解晶闸管导通和关断的转化条件？

晶闸管只有导通和关断两种工作状态，这种开关特性需要在一定的条件下转化，其转化条件见表 2-11。

表 2-11　晶闸管导通和关断的转化条件

状　态	条　件	说　明
从关断到导通	1）阳极电位高于阴极电位 2）控制极有足够的正向电压和电流	两者缺一不可
维持导通	1）阳极电位高于阴极电位 2）阳极电流大于维持电流	两者缺一不可
从导通到关断	1）阳极电位低于阴极电位 2）阳极电流小于维持电流	任一条件都可以

7. 晶闸管的使用注意事项有哪些？

1）选用晶闸管的额定电压时，应参考实际工作条件下峰值电压的大小，并留出一定的余量。

2）选用晶闸管的额定电流时，除了考虑通过器件的平均电流外，还应注意正常工作时导通角的大小、散热通风条件等因素。除此之外还应注意晶闸管的管壳温度不能超过相应电流下的允许值。

3）使用晶闸管之前，应该用万用表检查晶闸管是否良好。发现有短路或断路现象时，应立即更换。

4）严禁用绝缘电阻表检查器件的绝缘情况。

5）电流为 5A 以上的晶闸管要装散热器，并且保证所规定的冷却条件。为保证散热器与晶闸管管芯接触良好，它们之间应涂上一层薄的有机硅油或硅脂。

6）按规定对主电路中的晶闸管采用过电压及过电流保护装置。

7）要防止晶闸管门控极的正向过载和反向击穿。

模块 3　动手操作见真章

我们在第 1 章已经介绍了眨眼灯的工作原理以及电阻和电容元件的检测，下面继续介绍眨眼灯的制作。

2.3.1　关键元器件的质量检测

（1）晶体管 9014 的检测

准备好数字万用表，将档位置于二极管位置，红表笔插到电压/电阻/二极管插孔，黑表笔插到 COM 插孔，如图 2-66 所示。

将晶体管 9014 有文字的平面朝自己，从左向右，1脚为发射极，2脚为基极，3脚为集电极。将红表笔接到晶体管 2脚，黑表笔接到晶体管 1脚，正常时万用表屏幕显示 ".699"，如图 2-67 所示。如果数据偏差在 15%以上，则表示该晶体管有问题。

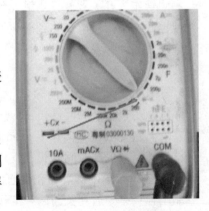

图 2-66　档位选择

图 2-67　晶体管检测（一）

将红表笔接到晶体管 2 脚，黑表笔接到晶体管 3 脚，正常时万用表显示为 ".703"，如图 2-68 所示。如果数据偏差在 15% 以上，则表示该晶体管有问题。

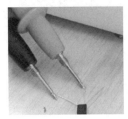

图 2-68　晶体管检测（二）

将红表笔接到晶体管 1 脚，黑表笔接到晶体管 3 脚，正常时万用表显示 "1."，如图 2-69 所示。如果数据不是 1.00，则表示该晶体管有问题。

图 2-69　晶体管检测（三）

将红表笔接到晶体管 3 脚，黑表笔接到晶体管 1 脚，正常时万用表显示 1.00 左右，如果数据不是 1.00，则表示该晶体管有问题。

（2）LED 的测量

首先，将万用表置于二极管档，用万用表红、黑表笔测量 LED 的两个引脚，若万用表有读数，则此时红表笔所测端为二极管的正极，此时发光二极管会发出微弱的光。若显示为 "1."，则交换表笔反过来再测一次，如图 2-70 所示。如果两次测量都没有示数，则表示此发光二极管已经损坏。

图 2-70　二极管检测

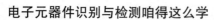

2.3.2　电路安装

电路安装前，要准备好电烙铁等工具，备齐焊锡丝。

（1）元器件引脚成形

将元器件引脚进行成形加工，如图 2-71 所示。

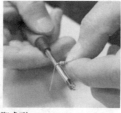

a) 电阻引脚成形　　　　　　　　　　　　　　　　b) 晶体管器件成形

图 2-71　元器件引脚成形示例

【重要提醒】

　　元器件成形时，无论是径向元器件还是轴向元器件，都必须考虑两个主要的参数：①最小内弯半径；②折弯时距离元件本体的距离。要求折弯处至元器件体、球状连接部分或引脚焊接部分的距离相当于至少一个引脚直径或厚度，或 0.8mm（取最大者）。

（2）插件

如图 2-72 所示，插装元器件时，应遵循"六先六后"原则，即先低后高，先小后大，先里后外，先轻后重，先易后难，先一般后特殊。

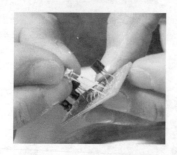

图 2-72　插装元器件

【重要提醒】

边装边核对，做到每个元器件的编号、参数（型号）、位置均统一。

晶体管插装要求：极性正确，高度一致且高度尽量低，要端正不歪斜。

LED 插装要求：极性正确，注意区分不同的发光颜色；要端正不歪斜。

电容器插装要求：极性正确，尽可能降低安装高度，要端正不歪斜。

（3）焊接

如图 2-73 所示，焊接时一定要控制好焊接时间的长短。同时，焊锡量要适中，要保证每个焊点均焊接牢固、接触良好，以确保焊接质量达到要求。

（4）剪断多余引线

确认焊接质量合格后，用斜口钳剪去多余的引线，确保引脚末端可露出 2mm 左右，如图 2-74 所示。

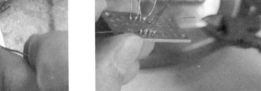

图 2-73　焊接　　　　　　　　　　图 2-74　剪断多余引线

2.3.3　电路调试

元器件装配完毕，应检查元器件的位置、极性是否正确；还必须检查焊点质量是否符合要求。

1）通电之前，必须用万用表电阻档检测电源输入端的两个接线端子应无短路现象，如图 2-75 所示。如果有短路，则必须查明原因并予以排除。

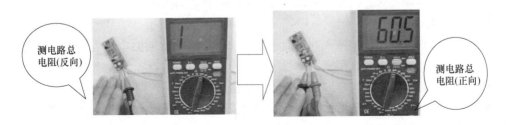

图 2-75　测量电源输入端有无短路

2）接上 6V 直流电源，检查电路是否能够正常工作，如图 2-76 所示。

图 2-76　通电调试

2.3.4　常见故障排除

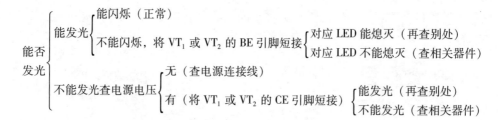

🧩 **模块4　复习巩固再提高**

2.4.1　温故知新

1. 晶体二极管

PN 结加上管壳和引线就成为半导体二极管。二极管的种类很多，其主要用途是整流、限幅、继流、检波、开关、隔离（门电路）等。

2. 晶体管

晶体管是电子电路的核心器件，属于电流放大器件，但在实际使用中常常通过电阻将晶体管的电流放大作用转变为电压放大作用。

常用晶体管的封装形式有金属封装和塑料封装两大类，引脚的排列方式具有一定的规律。在使用中不确定引脚排列的晶体管，必须进行测量来确定各引脚的正确位置，或查找晶体管使用手册，明确晶体管的特性及相应的技术参数和资料。

3. 场效应晶体管

场效应晶体管是利用控制输入回路的电场效应来控制输出回路电流的一种半导体器件。由于它仅靠半导体中的多数载流子导电，故又称为单极型晶体管。

场效应晶体管分为结型场效应晶体管和绝缘栅场效应晶体管两大类。

场效应晶体管是电压控制器件，管子的导电情况取决于栅极电压的高低。场效应晶体管与晶体管是两种不同类型的器件，不能混用。

4. 晶闸管

晶闸管以前被简称为可控硅，是 PNPN 四层半导体结构，它有三个极，即阳极、阴极和控制极。它是一种开关器件，能在高电压、大电流条件下工作，并且其工作过程可以控制，因而被广泛应用于可控整流、交流调压、无触点电子开关、逆变及变频等电子电路中，是典型的小电流控制大电流的器件。

2.4.2 思考与提高

1. 判断题

（1）晶体晶体管工作在饱和状态时，发射极没有电流流过。　　　　　　（　　）

（2）当二极管两端正向偏置电压大于死区电压，二极管才能导通。　　　（　　）

2. 选择题

（1）稳压管的稳压区是其工作在（　　　）。

A. 正向导通　　　B. 反向截止　　　C. 反向击穿　　　D. 都可以

（2）用万用表 R×1k 电阻档测某一个二极管时，发现其正、反电阻均近于 1000kΩ，这说明该二极管（　　　）。

A. 短路　　　　　B. 完好　　　　　C. 开路　　　　　D. 无法判断

（3）晶闸管导通后，通过晶闸管的电流决定于（　　　）。

A. 电路的负载　　　　　　　　B. 晶闸管的电流容量

C. 晶闸管的阳极电压　　　　　D. 晶闸管的供电电压

3. 分别判断如图 2-77 所示各电路中晶体管是否有可能工作在放大状态。

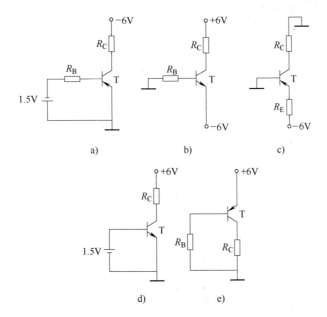

图 2-77　练习题 3 图

第3章
光电器件的识别与应用

模块 1　基本学习不可少

3.1.1　红外一体化接收头识别与应用

1. 红外一体化接收头简介

（1）红外一体化接收头的组成及功能

红外一体化接收头通常由红外接收二极管与放大电路组成，放大电路通常又由一个集成块及若干电阻、电容等元件组成，并且需要封装在一个金属屏蔽盒里，因而电路比较复杂，但体积却很小。

红外一体化接收头可以完成接收、放大、解调等功能。

目前，大多数一体化接收头供电电压为5V，有的一体化接收头供电电压为3V。

（2）红外一体化接收头的类型

红外一体化红外接收头有电平型和脉冲型两种类型。

1）电平型红外一体化接收头。电平型红外一体化接收头可以响应连续的红外载波，只要有载波，接收头就输出低电平。比如 W0038C、IRM138C 等就属于这种类型的红外一体化接收头，如图 3-1 所示。

电平型的接收头只要接收到38kHz 红外线就输出持续低电平。它的缺点是抗干扰性差，传输距离短。

2）脉冲型红外一体化接收头。脉冲型红外一体化接收头只能响应宽度在一定范围内的红外载波，如果红外载波超过这个范围，则接收头停止输出低电平。比如 W0038S-2、IRM138S-2 等就属于这种类型的红外一体化接收头，如图 3-2 所示。

当红外一体化接收头接收到频率为 38kHz 的载波信号时才能正常输出，如发送 200Hz 的 38kHz 载波，则脉冲型接收头输出 200Hz 方波，而如果发送连续的 38kHz 载波，则会出现有瞬间低电平其后为高电平的现象。

脉冲型一体化接收头克服了需要连续编码的电平型接收头的不足，优点是传输距离更远，稳定性更强，抗干扰能力增强。因此现在市面上普遍为脉冲式的红外一体化接收头。

图 3-1　W0038C 红外一体化接收头　　　图 3-2　IRM138S-2 红外一体化接收头

2. 红外一体化接收头的识别

（1）外形识别

目前市面上比较多的红外一体化接收头的封装工艺有塑封和压模两种。

1）塑封的红外接收头价格较为便宜，多用在电视、机顶盒、车载接收器、DVD 等对遥控距离要求不高，而且使用环境相对较好的电器上。

塑封的红外接收头体积比压模的大一点，一般是 6.8mm × 5.8mm × 3.25mm。

2）压模的红外接收头价格较高，多用在玩具、安防、空调、感应等对抗干扰能力和体积有要求的设备上。

压模的红外接收头都带有内屏蔽，在抗干扰能力上比塑封的好，体积也比塑封的小，如图 3-3 所示。

图 3-3　压模的红外接收头

还有一款应用也很广泛的压模红外接收头 IRM38A 系列，体积是 12.2mm × 9.9mm × 4mm，这一款通常用在暖风机、空调等有强电磁干扰的地方。

（2）引脚识别

红外一体化接收头有三只引脚，分别是电源正极、电源负极以及信号输出端。其引脚排版方式有两种，如图 3-4 所示，图 3-4a 所示通常为塑封的接收头引脚排列方式；图 3-4b 所示通常为压模的接收头引脚排列方式。

3. 红外一体化接收头的检测

如图 3-5 所示，接收头的电源端接 5V 电压，输出端接万用表，按遥控器任意键，对准接收器，若万用表指针在 3～4.5V 之间任意一电压点摆动则为好的，否则为其质量问题。

103

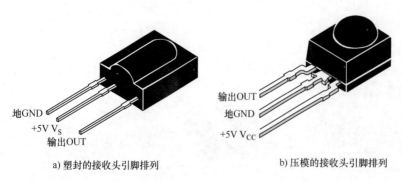

a) 塑封的接收头引脚排列

b) 压模的接收头引脚排列

图 3-4　红外一体化接收头的引脚排列

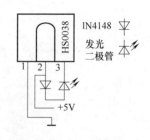

图 3-5　红外一体化接收头
好坏的判断方法

每种接收头接收的角度和距离不一样，具体应先查看对应的规格参数书，再去做测试。

【重要提醒】

原则上大多数红外一体化接收头都可以互相代换，只需注意供电电压与引脚位置即可。

检测或更换红外一体化接收头时应注意保护红外线接收器的接收面，同时不要触碰表面，沾污或磨损后会影响接收效果。

【练一练】

（1）用指针式万用表检测常用的红外一体化接收头，并将检测数据记录下来。

（2）用数字式万用表检测常用的红外一体化接收头，并将检测数据记录下来。

3.1.2　光耦合器的识别与应用

1. 光耦合器简介

（1）光耦合器的作用

光耦合器简称光耦，是以光为媒介传输电信号的一种电-光-电转换器件。光耦合器对输入、输出电信号有良好的隔离作用。

（2）光耦合器的原理

光耦是由光的发射、光的接收及信号放大三部分组成的，所有光耦的第一和第二部分都是一样的，就是光的发射和光的接收，区别在哪里？区别在第三部分的信号放大。第三部分如果做成类似晶闸管特性的半导体，那这个光耦就是光晶闸管；如果做个简单的晶体管，那就是常用的普通光耦；如果做个耐高压的类似 MOS 管特性的半导体，那就是光继电器。

常见的发光源为发光二极管，受光器为光敏二极管、光敏晶体管等。图 3-6 所示为常用的晶体管接收型光耦合器原理图。

当电信号送入光耦合器的输入端时，发光二极管通过电流而发光，光敏元件受到光照后

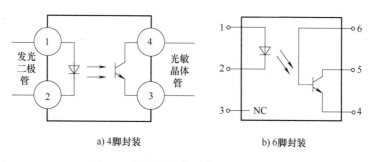

a) 4脚封装　　　　　　　　b) 6脚封装

图3-6　晶体管接收型光耦合器原理图

产生电流，CE 导通；当输入端无信号时，发光二极管不亮，光敏晶体管截止，CE 不通。当输入为低电平"0"时，光敏晶体管截止，输出为高电平"1"；当输入为高电平"1"时，光敏晶体管饱和导通，输出为低电平"0"。

（3）光耦合器的优点

光耦合器的主要优点是信号单向传输，输入端与输出端完全实现了电气隔离，输出信号对输入端无影响，抗干扰能力强，工作稳定，无触点，使用寿命长，传输效率高。

【知识窗】

光耦合器具有较强的抗干扰能力

光耦合器之所以在传输信号的同时能有效地抑制尖脉冲和各种杂讯干扰，使通道上的信号杂讯比大为提高，主要原因如下：

1）光耦合器的输入阻抗很小，只有几百欧姆，而干扰源的阻抗较大，通常为 10^5 ~ $10^6 \Omega$。据分压原理可知，即使干扰电压的幅度较大，但馈送到光耦合器输入端的杂讯电压很小，只能形成很微弱的电流，由于没有足够的能量而不能使二极管发光，从而被抑制掉了。

2）光耦合器的输入回路与输出回路之间没有电气联系，也没有共地；输入端与输出端之间的分布电容极小，而绝缘电阻又很大，因此回路一边的各种干扰杂讯都很难通过光耦合器馈送到另一边去，避免了共阻抗耦合干扰信号的产生。

3）光耦合器可以起到很好的安全保障作用，即使当外部设备出现故障，甚至输入信号线短接时，也不会损坏仪表。因为光耦合器的输入回路和输出回路之间可以承受几千伏的高压。

4）光耦合器的回应速度极快，其回应延迟时间只有 $10 \mu s$ 左右，适于对回应速度要求很高的场合。

（4）光耦合器的种类

光耦合器可分为两种，一种为非线性光耦合器，另一种为线性光耦合器。

1）非线性光耦合器的电流传输特性曲线是非线性的，这类光耦合器适用于开关信号的传输，不适合用于传输模拟量。常用的 4N 系列光耦属于非线性光耦。

2）线性光耦合器的电流传输特性曲线接近直线，并且小信号时性能较好，能以线性特性进行隔离控制。常用的线性光耦是 PC817A-C 系列。

2. 光耦合器的识别

（1）光耦合器的封装形式识别

光耦合器常见的封装形式有双列直插型、扁平封装型、贴片封装型等，如图 3-7 所示。

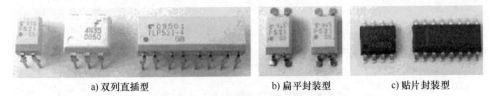

a) 双列直插型　　　　　　　　b) 扁平封装型　　　　　c) 贴片封装型

图 3-7　不同封装形式的光耦合器

（2）光耦合器的输出形式识别

光耦合器的输出形式有很多种，不同输出形式的光耦合器如图 3-8 所示。

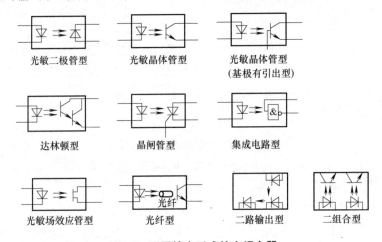

光敏二极管型　　　　光敏晶体管型　　　　光敏晶体管型
（基极有引出型）

达林顿型　　　　　晶闸管型　　　　集成电路型

光敏场效应管型　　　光纤型　　　二路输出型　　二组合型

图 3-8　不同输出形式的光耦合器

（3）光耦合器的引脚识别

将光耦合器的引脚向下，色点或标记放右边，从左到右，从下到上逆时针依次编号，如图 3-9 所示。对于 4 脚型光耦合器，通常 1、2 脚接内部发光二极管，3、4 脚接内部光敏晶体管。对于 6 脚型光耦合器，通常 1、2 脚接内部发光二极管，3 脚接空脚，4、5、6 脚接内部光敏晶体管。8 脚型光耦合器的引脚功能如图 3-10 所示。

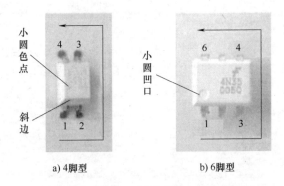

a) 4 脚型　　　　　　b) 6 脚型

图 3-9　4 脚型和 6 脚型光耦合器引脚识别

3. 光耦合器输入输出引脚的判断

下面介绍用万用表判别 4 脚光耦合器引脚的方法。

1）判别光耦合器的输入端。将万用表拨至 R×100Ω 或 R×1kΩ 档，按照光耦合器的各引脚排列规律，逐一检查各引脚的通断情况，如图 3-11 所示。当出现光耦合器的其中两脚间阻值较小时，万用表黑表笔接的是发光二极管的正极，红表笔接的是发光二极管的负极。

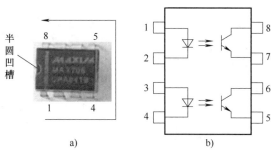

图 3-10　8 脚型光耦合器引脚识别

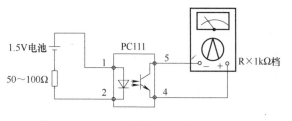

图 3-11　用万用表判断光耦合器的输入端

2）判断光耦合器的输出端。找出光耦合器输入端的引脚后，另一侧就是输出端。

按如图 3-12 所示连接，在输入端接 1.5V 干电池串联一只 50 ~ 100Ω 的电阻，注意正负极性。

将万用表拨至 R × 1kΩ 档，万用表红、黑表笔分别与另外两脚相连，测量阻值会出现一大一小的情况。以阻值小的那次测量为准，黑表笔连接的引脚是光敏晶体管的集电极 C，红表笔连接的引脚是光敏晶体管的发射极 E。

图 3-12　用万用表判断光耦合器的输出端

4. 光耦合器质量好坏的判断

（1）简易判别法

1）检测输入端的好坏。将万用表拨到 R × 100Ω 档，测量输入端发光二极管两引脚间的正、反向电阻。

2）检测输出端的好坏。万用表仍选择 R × 100Ω 档，测量光敏晶体管两引脚间的正、反向电阻。

3）检测输入端与输出端之间的绝缘电阻。将万用表拨到 R × 10kΩ 档，一支表笔接输入端的任意一个引脚，另一支表笔接输出端的任意一个引脚，测量两者之间的正、反向电阻。

（2）比较可靠的判别法

1）比较法

拆下怀疑有问题的光耦，用万用表测量其内部二极管、晶体管的正反向电阻值，用其与好的光耦对应引脚的测量值进行比较，若阻值相差较大，则说明光耦已损坏。

2）万用表检测法（一）

检测电路如图 3-12 所示。将万用表置于 R × 1kΩ 档，两表笔分别接在光耦的输出端 4、5 脚；然后用一节 1.5V 的电池与一只 50 ~ 100Ω 的电阻串联后，电池的正极端接 PC111 的 1 脚，负极端碰接 2 脚，或者正极端碰接 1 脚，负极端接 2 脚，这时观察接在输出端万用表的指针偏转情况。如果指针摆动，则说明光耦是好的；如果不摆动，则说明光耦已损坏。

万用表指针摆动偏转角度越大，表明光电转换灵敏度越高。

3）万用表检测法（二）

检测电路如图 3-13 所示。检测时将光耦内接二极管的 + 端 1 脚和 – 端 2 脚分别插入数字万用表的 h_{FE} 的 C、E 插孔内，此时数字万用表应置于 NPN 档；然后将光耦内接光敏晶体管 C 极 5 脚接指针式万用表的黑表笔，E 极 4 脚接红表笔，并将指针式万用表拨在 R × 1kΩ 档。这样就能通过指针式万用表指针的偏转角度，即实际上是光电流的变化来判断光耦的情况。

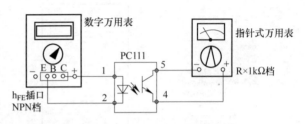

图 3-13　万用表检测光耦合器

指针向右偏转角度越大，说明光耦的光电转换效率越高，即传输比越高，反之越低；若指针不动，则说明光耦已损坏。

5. 光耦合器的选用原则

1）根据不同的电路选择；

2）以型号为依据；

3）考虑输出端的输出特性；

4）用于隔离传输数字量时，要考虑它的响应速度问题。如果对输出有功率要求，还得考虑功率接口设计问题。

【练一练】

（1）常用的光耦合器为＿＿＿＿＿＿＿＿＿＿输出型和＿＿＿＿＿＿＿＿＿＿输出型。

（2）练习用万用表判别光电耦合器的输入端和输出端。

3.1.3　光敏二极管的识别与应用

1. 光敏二极管简介

光敏二极管和普通二极管一样，也是由一个 PN 结组成的半导体器件，也具有单方向导电特性，是在电路中将光信号转换成电信号的光电传感器件。

光敏二极管是在反向电压作用下工作的。没有光照时，反向电流很小（一般小于 0.1 微安），称为暗电流。暗电流必须预先测量，特别是当光敏二极管被用作精密的光功率测量时，暗电流产生的误差必须认真考虑并加以校正。

光敏二极管可用于在模拟电路以及数字电路之间充当中介，这样两段电路就可以通过光信号耦合起来，这可以提高电路的安全性。光敏晶体管除具有光电转换的功能外，还具有放大功能。

2. 光敏二极管的识别

光敏二极管和普通二极管相比，在结构上不同的是，为了便于接收入射光照，PN 结面积应尽量做得大一些，电极面积尽量小些，而且 PN 结的结深很浅，一般小于 $1\mu m$。

在电路图中文字符号一般为 VD，如图 3-14 所示。

光敏二极管的外壳上有一个透明的窗口用来接收光线照射，实现光电转换。如图 3-15 所示，对于金属壳封装的光敏二极管，金属下面有一个凸块，与凸块较近的那只脚是正极，另一脚则是负极。有些管子标有色点的一脚为正极，另一脚则是负极。另外还有的管子两只脚不一样，长脚为正极，短脚为负极。对长方形的管子，往往做出标记角，指示受光面的方向为正极，另一方向为负极。

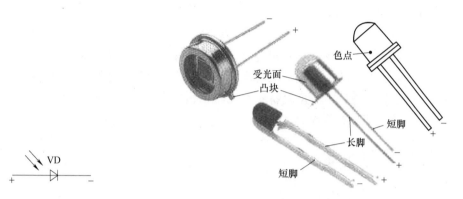

图 3-14　光敏二极管的文字符号　　　　图 3-15　光敏二极管引脚极性识别

注意：由于光敏二极管反用，长引脚接电源正极，因此将长脚确定为正极。

3. 光敏二极管的检测

（1）电阻测量法

将万用表拨至 R×1Ω 档，用一张黑纸片遮住光敏二极管的透明窗口，将万用表红、黑表笔分别接在光敏二极管的两个引脚上，如果万用表指针向右偏转较大，则黑表笔所接引脚为正极，红表笔所接为负极。若测试时指针不动，则红表笔所接引脚为正极，黑笔所接为负极。

移去遮光物，使透明窗口朝向光源（自然光、白炽灯或手电筒等），这时指针应转至几 kΩ 处。指针偏转越大，灵敏度越高。若反向电阻都是∞ 或为零，则说明管子是坏的。

光敏二极管的检测方法如图 3-16 所示。

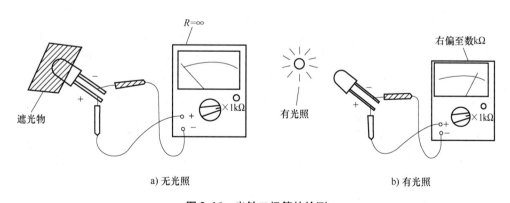

a）无光照　　　　　　　　　　　　　b）有光照

图 3-16　光敏二极管的检测

（2）电压测量法

用万用表电压 1V 档。用红表笔接光敏二极管 " ＋ " 极，黑表笔接 " － " 极，在光照下，其电压与光照强度成比例，一般可达 0.2~0.4V。

（3）短路电流测量法

用万用表电流 50μA 档。用红表笔接光敏二极管"＋"极，黑表笔接"－"极，在白炽灯照射下（不能用荧光灯），随着光照增强，其电流增加则说明管子是好的，短路电流可达数十至数百 μA。

4. 光敏二极管的应用

光敏二极管在消费电子产品，例如 CD 播放器、烟雾探测器以及控制电视机、空调的红外线遥控设备中也有应用。在照相机的测光器、路灯亮度自动调节器等中也有应用。

在科学研究和工业中，光敏二极管常常被用来精确测量光强，因为它比其他光导材料具有更良好的线性。在医疗应用设备中，光敏二极管也有着广泛的应用，例如 X 射线计算机断层成像以及脉搏探测器等。

【练一练】

（1）光敏二极管的工作条件是（　　　）

A. 加热　　　　　B. 加正向偏压　　　　C. 加反向偏压　　　　D. 零偏压

（2）下列常用二极管的符号中，光敏二极管是（　　　）

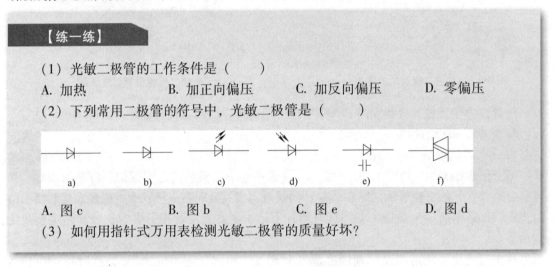

A. 图 c　　　　　B. 图 b　　　　　C. 图 e　　　　　D. 图 d

（3）如何用指针式万用表检测光敏二极管的质量好坏？

3.1.4　光敏晶体管的识别与应用

1. 光敏晶体管简介

光敏晶体管是在光敏二极管的基础上发展起来的光敏器件。光敏晶体管和普通晶体管类似，也有电流放大作用。光敏晶体管的集电极电流不只是受基极电路的电流控制，也可以受光的控制。

光敏晶体管是以接受光的信号并将其变换为电气信号为目的而制成的晶体管，光照强度变化时，电极之间的电阻会随之变化。

2. 光敏晶体管的特性

光敏晶体管在偏置电压为零时，无论光照度有多强，集电极电流都为零。偏置电压要保证光敏晶体管的发射结处于正向偏置，而集电结处于反向偏置状态。

3. 光敏晶体管引脚的识别

光敏晶体管的外形有光窗、集电极引出线、发射极引出线和基极引出线（有的没有），其外形和电路符号如图 3-17 所示。

常见的硅光敏晶体管有金属壳封装的，也有环氧平头式的，还有微型的。怎样识别其引

a) 外形 　　　　　　 b) 电路符号

图 3-17　光敏晶体管的外形及电路符号

脚呢？对于金属壳封装的光敏晶体管，金属下面有一个凸块，与凸块最近的那只脚为发射极 E。如果该管仅有两只脚，那么剩下的那条脚就是光敏晶体管的集电极 C；如果该管有三只脚，那么与 E 脚最近的则是基极 B，离 E 脚远者则是集电极 C。

对环氧平头式、微型光敏晶体管的引脚识别方法如下：由于这两种管子的两只脚长短不一样，所以容易识别。长脚为发射极 E，短脚为集电极 C。

4. 光敏晶体管质量的检测

万用表选择量程开关置于 R×1kΩ 档。用物体将光敏晶体管的光窗遮住，这时万用表的两表笔不论怎样与光敏晶体管引脚接触，测得的阻值均应为无穷大。去掉遮光物体，并将光敏晶体管的窗口正方朝向光源，将红表笔接触光敏晶体管的发射极 E，黑表笔接触集电极 C，这时万电表的指针应向右偏转到 1kΩ 左右，指针的偏转越大说明其灵敏度越高，如图 3-18 所示。

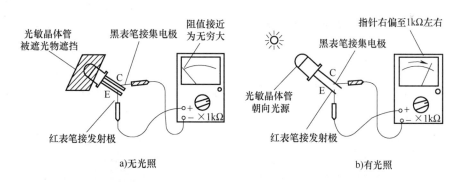

a)无光照 　　　　　　 b)有光照

图 3-18　光敏晶体管光电性能检测

5. 光敏晶体管的典型应用

（1）亮通光电控制电路

当有光线照射于光敏器件上时，使继电器有足够的电流而动作，这种电路称为亮通光电控制电路，也叫明通控制电路。最简单的亮通电路如图 3-19 所示。

（2）暗通光电控制电路

如果光电继电器不受光照时能使继电器动作，而受光照时继电器释放，则称它为暗通控制电路。最简单的暗通光电控制电路如图 3-20 所示。

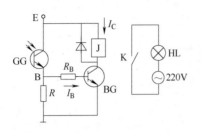

图 3-19　亮通光电控制电路

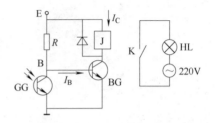

图 3-20　暗通光电控制电路

【练一练】

（1）若光敏晶体管偏置电压为零，现在逐渐增强其光照度，则此时光敏晶体管集电极电流的变化为（　　　）。

A. 电流大小由小变大　　　　　　　　B. 电流由大变小

C. 电流基本不变　　　　　　　　　　D. 电流大小始终为零

（2）找几个光敏晶体管与普通晶体管，仔细观察其外形有何不同。

（3）光敏晶体管集电极有何作用？

3.1.5　光敏电阻器的识别与应用

1. 光敏电阻器简介

光敏电阻器是采用半导体材料制作，利用内光电效应工作的光敏元件。它在光线的作用下阻值往往变小，这种现象称为光导效应，因此，光敏电阻又称光导管，常用于检测可见光。

（1）结构

光敏电阻器通常由光敏层、玻璃基片（或树脂防潮膜）和电极等组成，如图 3-21 所示。

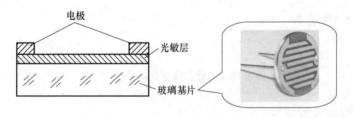

图 3-21　光敏电阻器的结构

（2）特性

光敏电阻器对光线十分敏感。在无光照射时，呈高阻状态；当有光照射时，其电阻值迅速减小。

（3）种类

光敏电阻器按其光谱特性可分为可见光光敏电阻器、紫外光光敏电阻器和红外光光敏电阻器。

可见光光敏电阻器主要用于各种光电自动控制系统、电子照相机和光报警器等电子产品中。

紫外光光敏电阻器主要用于紫外线探测仪器。

红外光光敏电阻器主要用于天文、军事等领域的有关自动控制系统中。

【知识窗】

光敏电阻器的主要参数

1）光电流、亮电阻。光敏电阻器在一定的外加电压下，当有光照射时，流过的电流称为光电流，外加电压与光电流之比称为亮电阻。

2）暗电流、暗电阻。光敏电阻器在一定的外加电压下，当没有光照射时，流过的电流称为暗电流，外加电压与暗电流之比称为暗电阻。

3）灵敏度。灵敏度是指光敏电阻器在有光照射和无光照射时电阻值的相对变化值。

2. 光敏电阻器的检测

（1）用一张黑纸片将光敏电阻的透光窗口遮住，此时万用表的指针基本保持不动（阻值接近无穷大），如图 3-22a 所示。此值越大说明光敏电阻器性能越好。若此值很小或接近于零，则说明光敏电阻器已烧穿损坏，不能再继续使用。

（2）将一个光源对准光敏电阻器的透光窗口，此时万用表的指针应有较大幅度的摆动（阻值明显减些），如图 3-22b 所示。此值越小说明光敏电阻器性能越好。若此值很大甚至无穷大，则表明光敏电阻器内部开路损坏，也不能再继续使用。

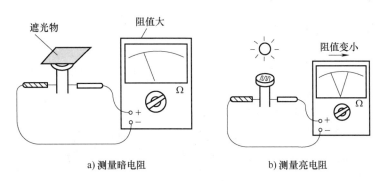

a) 测量暗电阻　　　　　　　　　　　　b) 测量亮电阻

图 3-22　光敏电阻器检测

（3）将光敏电阻器透光窗口对准入射光线，用小黑纸片在光敏电阻器的遮光窗上部晃动，使其间断受光，此时万用表指针应随黑纸片的晃动而左右摆动。如果万用表指针始终停在某一位置而不随纸片晃动而摆动，则说明光敏电阻器的光敏材料已经损坏。

3. 光敏电阻器的应用

光敏电阻器没有极性，使用时既可加直流电压，也可以加交流电压。

光敏电阻器广泛应用于各种自动控制电路（如自动照明灯控制电路、自动报警电路等)、家用电器(如电视机中的亮度自动调节,照相机中的自动曝光控制等)及各种测量仪器中。

图 3-23 所示为光控开关电路,可以用在一些楼道、路灯等公共场所。通过光敏电阻器,它在天黑时会自动开灯,天亮时自动熄灭。电路中,VS_1 是晶闸管,R_1 是光敏电阻器。

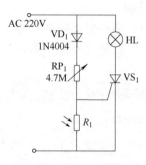

图 3-23 光控开关电路

当光线亮时,光敏电阻器 R_1 阻值小,220V 交流电压经 VD_1 整流后的单向脉冲性直流电压在 RP_1 和 R_1 分压后的电压小,加到晶闸管 VS_1 控制极的电压就小,这时晶闸管 VS_1 不能导通,所以灯 HL 回路无电流,灯不亮。

当光线暗时,光敏电阻器 R_1 阻值大,RP_1 和 R_1 分压后的电压大,加到晶闸管 VS_1 控制极的电压就大,这时晶闸管 VS_1 进入导通状态,所以灯 HL 回路有电流流过,灯点亮。

【练一练】

(1)说明两种类型光敏电阻器的用途和原因。
(2)什么是光敏电阻器的亮电阻和暗电阻?暗电阻电阻值通常在什么范围?

模块 2　难点易错点解析

3.2.1　红外一体化接收头难点易错点

1. 如何选择红外一体化接收头的接收角度?

红外一体化接收头的接收角度有 30°、45°、60°,现在大多数产品的接收角度都是 45°。一般圆点形的接收头接收角度会大一些,而且小圆点的角度比大圆点的角度更大。如果对角度要求不高,则建议选择接收角度为 30°的产品,以减少成本。

2. 决定红外一体化接收头接收距离的因素有哪些?

红外一体化接收头的接收距离是一个硬指标,达不到设计要求,其价格再便宜也不行。我们在选择红外接收头时,应先向供应商提出接收距离要求。决定红外一体化接收头遥控距离的三大因素如下:

(1)与红外发射管有关

红外发射管的芯片通常有 10μ、12μ、14μ,发射角度有 30°、45°、60°,芯片越大,发射功率越高,角度越小,红外线越集中。发射管的发射距离与发射角度成反比,与发射管的芯片大小成正比。所以,如果需要距离较远的红外发射,就选择大芯片,小角度。

(2)与红外接收头有关

遥控距离的远近与红外接收头关系也很大。由于各款红外接收头使用的材料不同,封装工艺不同,芯片也不一样,导致了红外接收头会有以下差异,即灵敏度、抗干扰能力、额定电压、正反向电流等。影响接收距离的因素有灵敏度和抗干扰能力。

（3）与使用环境有关

如果在室外使用红外遥控，则可能受到的光干扰更强一些，建议室外使用功率大一点的红外发射管。在电磁干扰比较强的环境下，应使用质量更好的红外接收头。

3. 红外接收头损坏后可以其他型号的接收头代换吗？

对于业余修理可以采用整体代换法，现在使用的红外线接收头无论是调感式还是调容式，也无论是分立直插件还是表贴器件或是混合方式（阻容元件用贴片，晶体管、集成电路、电解电容用直插件），它们之间几乎完全可以互换使用。只要找到 GND（接地）、+ V（电源正）、OUT（信号输出）端的对应关系，并重新调整红外一体化接收头的接收频率即可。

3.2.2　光敏二极管、晶体管难点易错点

1. 光敏二极管与光敏晶体管的外形有何区别？

从外形上来说，两者几乎没有差别，大多都是两个引脚。

一般来说，两个引脚的是光敏二极管，三个引脚的是光敏晶体管，但还是要看它上面的型号来鉴别，因为光敏晶体管一般都只用两个引脚，基极悬空，受光面即为基极。

2. 光敏二极管与光敏晶体管的性能有何区别？

光敏二极管与光敏晶体管都是光敏器件，都是半导体器件，这是二者的相同点。

其不同点在于光敏二极管是通电就发出可见光或其他不可见光；而光敏晶体管是通电时，在有合适波长的光的照射下它才可以像开关一样接通导电，没有光或者光的波长不对应时，它也会像开关一样关闭而不导电。

光敏二极管线性度高，而光敏晶体管的灵敏度高，它的光电流是光敏二极管的成百上千倍，因为它可以等效为一个光敏二极管和一个晶体管相连，而晶体管本身是有放大作用的。

3. 光敏二极管与光敏晶体管可以配合使用吗？

用电源驱动光敏二极管发光，然后再将这个光照射到光敏晶体管上，可以控制光敏晶体管的导通。此时，控制部分与被控制部分没有导线连接，相当于无线控制，可以用来隔离，比如低压控制高压，低压部分不会引入高压电，很安全。

4. 光敏二极管和光敏晶体管的响应速度哪个快？

不能随便比较，型号不同，制作材料不同，反应速度也不同。一般来说，光敏二极管的响应速度是 ns 级别，光敏晶体管的响应速度是 μs 级别。

5. 为什么一般用光敏二极管检测光信号，而不用光敏晶体管呢？

因为用光敏二极管电路简单，而光敏晶体管要设置静态工作点，比较麻烦，并且通常后面都要加放大电路，现在几乎都是集成电路，不需要前面先进行放大。

6. 使用光敏二极管要注意哪些事项？

光敏二极管是一种测光器件，其优势是使用的波长范围较宽，可在日光下使用，劣势是光电流较小（无光下大约在 pA 级，日光灯下大约在 μA 级），因此在弱光下使用 Qf，最重要的是设计好后续的放大电路，后续的放大电路能够与光敏二极管相匹配。

另外，还要考虑光敏二极管的频率特性、光谱响应范围和噪声特性。

7. 安装光敏晶体管要注意哪些事项？

安装时必须使入射光路与管子受光面垂直，以获得最佳响应特性；此外还应避免管子受外界散光的干扰，特别是当被接收光信号为恒定光源时。

3.2.3 光敏电阻器难点易错点

1. 光敏电阻器有哪些优缺点？

光敏电阻器作为一种传感器也有自己的优点和缺点，人们正是应用了光敏电阻器的优点，并在应用中努力避免和减少光敏电阻器的缺点带来的影响。

（1）光敏电阻器的优点

光敏电阻器内部的光电效应与电极无关（光敏二极管才有关），即可以使用直流电源。灵敏度与半导体材料和入射光的波长有关。

（2）光敏电阻器的缺点

光敏电阻器受温度影响较大。光敏电阻器的光电效应受温度影响较大，部分光敏电阻器在低温下的光电灵敏较高，而在高温下的灵敏度则较低。

响应速度不快，在 ms 到 s 之间，延迟时间受入射光的光照度影响（光敏二极管无此缺点，光敏二极管灵敏度比光敏电阻高），并且是耗材。

光敏电阻器容易受潮，通常采用涂敷、喷涂、烧结等方法在绝缘衬底上制作很薄的光敏电阻体及梳状欧姆电极，接出引线，封装在具有透光镜的密封壳体内，以免受潮影响其灵敏度。

2. 使用光敏电阻器的注意事项有哪些？

光敏电阻器首先是一个电阻器，只是它的阻值不是固定的，它会随着光照的强度变化而变化。光照强，光敏电阻器的阻值就小；光照弱，光敏电阻器的阻值就大。在使用光敏电阻器时，应注意以下几点：

1）被测光的光源光谱特性应与光敏电阻器的光谱特性相匹配；

2）要防止光敏电阻器受杂散光的影响；

3）要防止光敏电阻器的电参数（电压、功耗）超过允许值；

4）根据不同用途，选择不同特性的光敏电阻器。一般来说，用于数字信息传输可以选择光照指数大的光敏电阻器；用于模拟信息传输可以选择光照指数小、线性特性好的光敏电阻器。

模块3 动手操作见真章

3.3.1 光控开关制作

图 3-24 所示为光控开关电路，为电路提供 12V 直流电，电路工作时，红色 LED 亮（D_2）。如果是白天，则光敏电阻器 R_2 阻值小，晶体管 Q_1 截止，继电器不吸合，CN_1 所接白炽灯不亮（接常开端，继电器吸合时灯才亮，否则白天灯亮）。当晚上时，光敏电阻器阻值大，晶体管导通，继电器吸合，白炽灯亮，同时绿色 LED 亮（D_3）。

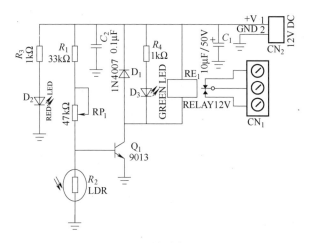

a) 原理图

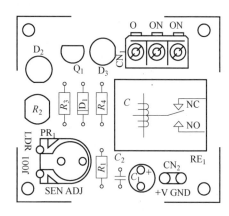

b) PCB元器件布置图

c) 制作完成后的作品

图 3-24　光控开关电路

3.3.2　光电接近开关制作

　　光电接近开关电路原理图如图 3-25 所示，它由 555 定时器构成多谐振荡器，从 3 脚输出 38kHz 的方波信号。经 VT_1 驱动红外发射管 VD_2 向外发射频率为 38kHz 红外调制信号。当有障碍物靠近时，红外线反射回来被 U_1 接收，当接收到的红外信号足够强时输出（OUT）为低电平，否则为高电平。如果用 5V 供电，则输出（OUT）为 TTL 电平，可直接与微处理器相接。该电路只需 5V 电压供电（输出为 TTL 电平），最大探测距离为 20cm 以上。

　　将该光电接近开关做成探头状，将整个电路板安装在一根塑料管内，并引出三根导线，即电源、地、输出（OUT）。U_1、VD_2 放置在塑料管的前端，并用不透光的塑料片将 U_1、VD_2 隔开，为了防止 VD_2 向旁边漏射出红外线，可用黑色电胶布在 VD_2 的周围绕一两圈，只让红外线从 VD_2 的前方发出（电路板、隔光塑料片、U_1、VD_2 可用硅胶进行固定），其结构如图 3-25b 所示。注意：在 VD_2 的周围用黑色绝缘胶布绕一两圈，只让红外线从 VD_2 的前方射出，否则 VD_2 从旁边漏射出红外线将直接到达 U_1，输出端（OUT）总为低电平，如图 3-25c所示。

　　该红外接近开关不仅能探测到接近探头一定距离的物体，还能识别出颜色的深浅（浅

117

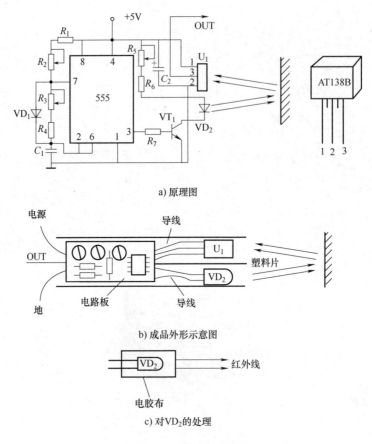

a) 原理图

b) 成品外形示意图

c) 对VD$_2$的处理

图 3-25　光电接近开关

色物体由于反光性较强故触发距离较远），而且所使用的元器件都是市面上极易买到的，AT138B 是红外接收头，如买不到可用同类产品（如 HM383）代替。

　　该光电接近开关制作的关键并不在于电路，而是在结构上，特别是 U$_1$ 和 VD$_2$ 的位置不能随便放置。

模块 4　复习巩固再提高

3.4.1　温故知新

1. 红外一体化接收头

　　所谓接收头就是将光敏二极管和放大电路组合到一起的器件，这些器件完成接收、放大、解调等功能。一般红外信号经接收头解调后，数据 "0" 和 "1" 的区别通常体现在高低电平的时间长短或信号周期上，单片机解码时，通常将接收头输出引脚连接到单片机的外部中断，结合定时器判断外部中断间隔的时间从而获取数据。重点是找到数据 "0" 与 "1"间的波形差别。输出端可与 CMOS、TTL 电路相连，这种接收头广泛用在空调、电视等电器中。

红外一体化接收头有三只引脚，分别是电源正极、电源负极以及信号输出端。

红外一体化接收头是将集成电路与接收二极管封装在一起的，不可拆、不可修，体积很小。

2. 光耦合器

光耦合器是以光为媒介传输电信号的一种电-光-电转换器件。

由于光耦合器的组成方式不尽相同，所以在检测时应针对不同的结构特点，采取不同的检测方法。例如，在检测普通光耦合器的输入端时，一般均参照红外发光二极管的检测方法进行。对于光敏晶体管输出型的光耦合器，检测输出端时应参照光敏晶体管的检测方法进行。

3. 光敏二极管

光敏二极管是由一个 PN 结组成的半导体器件，是在电路中将光信号转换成电信号的光电传感器件。

光敏二极管是在反向电压作用下工作的，光的变化引起光敏二极管电流变化。没有光照时，反向电流极其微弱；光的强度越大，反向电流也越大。

4. 光敏晶体管

光敏晶体管的外形有光窗、集电极引出线、发射极引出线和基极引出线（有的没有）。

虽然光敏晶体管具有电流放大作用。但它的集电极电流不只受基极电路的电流控制，也可以受光的控制。

5. 光敏电阻器

光敏电阻器是利用半导体的光电效应制成的一种电阻值随入射光的强弱而改变的电阻器，其特性是在特定光的照射下，其阻值迅速减小。

光敏电阻器一般用于光的测量、光的控制和光电转换。

3.4.2　思考与提高

（1）试比较光敏电阻器、光敏二极管和光敏晶体管的性能差异。

（2）什么是光电器件？典型的光电器件有哪些?

（3）在光控开关电路中，如果要想天更暗时路灯才亮，那么应该怎么办?

第4章
集成电路识别与应用

模块1　基本学习不可少

　　如果说在工业时代，钢铁是"工业的粮食"，那么在信息化时代，"接棒"钢铁的肯定是集成电路。上至关乎国防安全的军事装备、卫星（"北斗"卫星导航系统的发展依赖于高精度导航定位芯片）、雷达，下至关系普通百姓生活的医疗器械、汽车、电视、手机、摄像机，甚至智能儿童玩具，都离不开它。未来，集成电路将在工程勘察、精准农业、航海导航、GIS数据采集、车辆管理、无人驾驶、智慧物流、可穿戴设备等领域有更大作为。可以说，它是一切智能制造的"大脑"。

4.1.1　集成电路种类及特点

　　集成电路（Integrated Circuit，IC）是一种微型电子器件，采用氧化、光刻、扩散、外延、蒸铝等半导体制造工艺，将一个电路中所需晶体管、二极管、电阻、电容和电感等元器件及布线互连一起，制作在一小块或几小块半导体晶片或介质基片上，然后封装在一个管壳内，成为具有所需电路功能的微型结构，如图4-1所示。

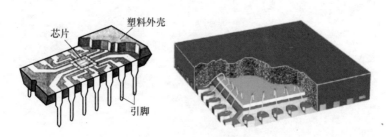

图 4-1　集成电路的结构

　　集成电路是近40年来才发展起来的高科技产品，其发展速度异常迅猛，从小规模集成电路（含有几十个晶体管）发展到今天的超大规模集成电路（含有几千万个晶体管或近千万个门电路）。

　　集成电路具有体积小、重量轻、引出线和焊接点少、寿命长、可靠性高、性能好等优点，同时成本低，便于大规模生产。目前，集成电路已经在各行各业中发挥着非常重要的作用，是现代信息社会的基石。

1. 集成电路的分类

集成电路也称芯片，又称为 IC。集成电路依据不同的分类方法有很多种类，见表 4-1。

表 4-1　集成电路的种类

分类方法	种类
按功能结构分	模拟集成电路、数字集成电路、数-模混合集成电路
按制作工艺分	半导体集成电路、膜集成电路（膜集成电路又分为厚膜集成电路和薄膜集成电路）
按集成度高低分	小规模集成电路（晶体管数为 10~100）、中规模集成电路（晶体管数为 100~1000）、大规模集成电路（晶体管数为 1000~10000）、超大规模集成电路（晶体管数在 100000 以上）
按用途分	电视机用集成电路、音响用集成电路、影碟机用集成电路、工业控制用集成电路等
按导电类型不同分	双极型集成电路（代表集成电路有 TTL、ECL、HTL、LST-TL、STTL 等类型）、单极型集成电路
按应用领域分	标准通用集成电路、专用集成电路
按外形分	圆形（金属外壳晶体管封装型，一般适合用于大功率）、扁平型（稳定性好、体积小）和双列直插型

2. 模拟集成电路

模拟集成电路又称为线性电路，是用来产生、放大和处理各种模拟电路（指幅度随时间变化的电路。模拟集成电路工作在晶体管的放大区，其输入信号和输出信号成比例关系。例如，收音机的音频信号处理、温度采集的模拟信号和其他模拟量的信号处理。

模拟集成电路按用途可分为集成运算放大器、集成直流稳压器、集成功率放大器、集成电压比较器等。模拟集成电路与数字集成电路的差别不但在于信号的处理方式上，而且在电源电压上的差别更大。模拟集成电路的电源电压根据型号的不同可以不相同而且数值较高，视具体用途而定。

（1）集成运算放大器

自从 1964 年美国仙童公司制造出第一个单片集成运算放大器 μA702 以来，集成运算放大器得到了广泛的应用，目前它已成为线性集成电路中品种和数量最多的一类。

集成运算放大器简称"运放"，是具有很高放大倍数的电路单元，它是一种带有特殊耦合电路及反馈的放大器。在实际电路中，通常结合反馈网络共同组成某种功能模块。集成运算放大器除具有 + 、 - 输入端和输出端外，还有 + 、 - 电源供电端、外接补偿电路端、调零端、相位补偿端、公共接地端及其他附加端等。它的闭环放大倍数取决于外接反馈电阻，这为使用带来了很大方便。集成运算放大器的外形及符号如图 4-2 所示。

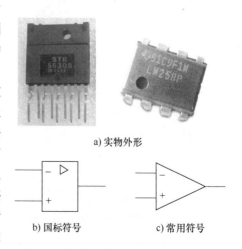

a）实物外形

b）国标符号　　　　c）常用符号

图 4-2　集成运算放大器的外形及符号

集成运放有两个电源接线端 $+V_{CC}$ 和 $-V_{EE}$，但有不同的电源供给方式。对于不同的电源供给方式，对输入信号的要求是不同的。

1）对称双电源供电方式。运算放大器多采用这种方式供电时，相对于公共端（地）的正电源（$+E$）与负电源（$-E$）分别接于运放的 $+V_{CC}$ 和 $-V_{EE}$ 引脚上。在这种方式下，可将信号源直接接到运放的输入脚上，而输出电压的振幅可达正负对称电源电压。

2）单电源供电方式。单电源供电是将运放的 $-V_{EE}$ 引脚接地。此时为了保证运放内部单元电路具有合适的静态工作点，应在运放输入端加入一个直流电位。此时运放的输出是在某一直流电位基础上随输入信号变化。

国标统一命名法规定，集成运算放大器各个品种的型号都由字母和阿拉伯数字两部分组成。字母在首部，统一采用 CF 两个字母，C 表示国标，F 表示线性放大器，其后的数字表示集成运算放大器的类型。

（2）集成直流稳压器

直流稳压电源是电子设备中不可缺少的单元，集成稳压器是构成直流稳压电源的核心，它体积小、精度高、使用方便，因而被广泛应用。

将许多调整电压的元器件集成在体积很小的半导体芯片上即成为集成稳压器，使用时只要外接很少的元器件即可构成高性能的稳压电路。由于集成稳压器具有体积小、重量轻、可靠性高、使用灵活、价格低廉等优点，因此在实际工程中得到了广泛应用。集成稳压器的种类很多，以三端式集成稳压器的应用最为普遍。常用集成稳压器的外形如图4-3所示。

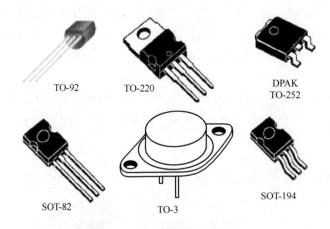

图4-3　常用集成稳压器的外形

常用的三端固定输出式集成稳压器有输出为正电压的 W7800 系列和输出为负电压的 W7900 系列。三端可调输出式集成稳压器有输出为正电压的 W117、W217、W317 系列和输出为负电压的 W137、W237、W337 系列。

（3）集成功率放大器

集成功率放大器是由集成运算放大器发展而来的，它的内部电路一般也由前置级、中间级、输出级以及偏置电路等组成，不过集成功率放大器的输出级功率大、效率高。另外，为了保证器件在大功率状态下安全可靠地工作，集成功率放大器中还常设有过电流、过电压以及过热保护电路等。

音响设备上的音频功率放大器大都采用了集成电路，如图 4-4 所示。据统计，音频功率放大器集成电路的产品品种已超过 300 种，从输出功率容量来看，已从不到 1W 的小功率放大器，发展到 10W 以上的中功率放大器，直到 25W 的厚膜集成功率放大器。从电路的结构来看，已从单声道的单路输出集成功率放大器发展到双声道立体声的二重双路输出集成功率放大器。从电路的功能来看，已从一般的 OTL 功率放大器集成电路发展到具有过电压保护电路、过热保护电路、负载短路保护电路、电源浪涌过冲电压保护电路、静

图 4-4　集成功率放大器在音频功率放大器中的应用

噪声抑制电路、电子滤波电路等功能更强的集成功率放大器。

（4）集成电压比较器

集成电压比较器是一种常用的信号处理单元电路，它广泛应用于信号幅度的比较、信号幅度的选择、波形变换及整形等方面。常用集成电压比较器的引脚排列如图 4-5 所示。

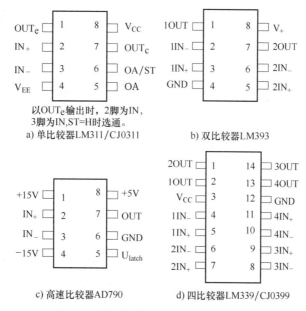

图 4-5　常用集成电压比较器的引脚排列

⊙【重要提醒】

由于自然界的大部分物理量都是模拟量，因此模拟集成电路极广泛地应用于对各种模拟量进行测试、变换、传输及控制的系统中，它能实现数字集成电路无法实现的各种功能。模拟集成电路与数字集成电路的区别如下：

1）电路处理的是连续变化的模拟量电信号（即其幅值可以是任何值）。

2）信号的频率范围往往从直流一直可以延伸到高频段。

3）模拟集成电路中的元器件种类多，除了数字集成电路中大量采用的 NPN 型管及电阻外，还采用了 PNP 型管、场效应晶体管、高精度电阻等。

4）除了应用于低电压电器中的电路外，大多数模拟集成电路的电源电压较高，输出级的电源电压可达几十伏以上。

5）具有内繁外简的电路形式，充分发挥了集成电路的工艺特点和便于应用的特点。

3. 数字集成电路

数字集成电路又称为逻辑集成电路，是将元器件和连线集成于同一半导体芯片上而制成的数字逻辑电路或系统，是用来产生、放大和处理各种数字信号（指在时间上和幅度上离散取值的信号）。数字集成电路的精度高，适合复杂的计算，如计算机里对二进制、八进制、十进制、十六进制的数据进行处理的集成模块，数字集成电路的运行以开关状态进行运算。图 4-6 所示为数字集成电路在小米手机上的应用。

数字集成电路的型号组成一般由前缀、编号、后缀三大部分组成，前缀代表制造厂商，编号包括产品系列号、器件系列号，后缀一般表示温度等级、封装形式等。

数字逻辑电路分为组合逻辑电路和时序逻辑电路两大类。具体的组合逻辑电路和时序逻辑电路不胜枚举。由于它们的应用十分广泛，所以都有标准化、系列化的集成电路产品，通常将这些产品叫做通用集成电路。与此相对应地将那些为专门用途而设

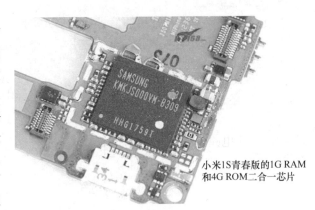

小米1S青春版的1G RAM
和4G ROM二合一芯片

图 4-6　数字集成电路在小米手机上的应用

制作的集成电路叫做专用集成电路（Application Specific Integrated Circuit，ASIC）。目前，已经成熟的集成逻辑技术主要有三种，即 TTL 逻辑（晶体管-晶体管逻辑）、CMOS 逻辑（互补金属-氧化物-半导体逻辑）和 ECL 逻辑（发射极耦合逻辑）。

1）TTL 逻辑。TTL 逻辑于 1964 年由美国德克萨斯仪器公司生产，其发展速度快，系列产品多。有速度及功耗折中的标准型，也有改进型、高速及低功耗的低功耗肖特基型。所有 TTL 电路的输出、输入电平均是兼容的。该系列有两个常用的系列化产品。

2）CMOS 逻辑。CMOS 逻辑器件的特点是功耗低，工作电源电压范围较宽，速度快（可达 7MHz）。

3）ECL 逻辑。ECL 逻辑的最大特点是工作速度快。因为在 ECL 电路中数字逻辑电路形式采用非饱和型，消除了晶体管的存储时间，所以大大加快了工作速度。MECL Ⅰ 系列产品是由美国摩托罗拉公司于 1962 年生产的，后来又生产了改进型的 MECL Ⅱ、MECL Ⅲ 型及MECL10000。

数字集成电路品种繁多，包括各种门电路、触发器、计数器、编译码器、存储器等数百种器件。常用的数字集成电路有以下几种类型。

1）二极管-晶体管逻辑电路，即 DTL 集成电路。

2）晶体管-晶体管逻辑电路，即 TTL 集成电路。TTL 集成电路是用双极型晶体管作为基本器件集成在一块硅片上制成的，其品种、产量最多，应用也最广泛。国产的 TTL 集成电路有 T1000 ~ T4000 系列，T1000 系列与国标 CT54/74 系列及国际 SN54/74 通用系列相同。

54 系列与 74 系列 TTL 集成电路的主要区别在于其工作环境的温度。54 系列的工作环境温度为 – 55 ~ + 125℃ ；74 系列的工作环境温度为 0 ~ 70℃。

TTL 集成电路的型号和逻辑功能没有直接联系，各种型号的 TTL 数字集成电路的具体功能可查阅数字集成电路手册。

3）电流开关逻辑电路，即 CML 集成电路。其中 DTL 集成电路和 TTL 集成电路都属于饱和型逻辑电路，其特点是抗干扰能力强、功耗较低，不足之处是开关速度较低（DTL 约为 50 ~ 200ns，TTL 约为 10 ~ 30ns）。而 CML 集成电路属于非饱和型逻辑电路，其特点与饱和型逻辑电路相反，开关速度可达 1 ~ 5ns 数量级。

4）金属-氧化物-半导体逻辑电路，即 MOS 集成电路。MOS 集成电路以单极型晶体管为基本器件制成，其发展迅速，主要是因为它具有功耗低、速度快、工作电源电压范围宽（如 CC4000 系列的工作电源电压为 3 ~ 18V）、抗干扰能力强、输入阻抗高、扇出能力强、温度稳定性好及成本低等优点，尤其是它的制造与识别非常简单，为大批量生产提供了方便。

MOS 集成电路的型号和逻辑功能没有直接联系，但末 2 位数或 3 位数与 TTL 集成电路的末 2 位数或 3 位数相同者，其逻辑功能是一样的，只是电源和有些参数不同而已。各种型号的 MOS 集成电路的功能可查阅数字集成电路手册。

🔍 【重要提醒】

常用的标准数字集成电路主要有 TTL 型、ECL 型和 CMOS 型三大类，其中 TTL 和 CMOS 两大系列为最常用，见表 4-2。

表 4-2　TTL 和 CMOS 系列集成电路重要参数

系　列	子系列	名　称	型号前缀	功　耗	工作电压/V
TTL 系列	TTL	普通系列	74/54	10mW	4. 75 ~ 5. 25
	LSTTL	低功耗 TTL	74/54LS	2mW	
MOS 系列	CMOS	互补场效应管型	40/45	1. 25μW	3 ~ 8
	HCMOS	高速 CMOS	74HC	2. 5μW	2 ~ 6
	ACTMOS	先进的高速 CMOS 电路，"T"表示与 TTL 电平兼容	74ACT	2. 5μW	4. 5 ~ 5. 5

4. 双极型集成电路和单极型集成电路

集成电路按导电类型可分为双极型集成电路和单极型集成电路，他们都是数字集成电路。

1）双极型集成电路的制作工艺复杂，功耗较高，代表集成电路有 TTL、ECL、HTL、LST-TL、STTL 等类型。

2）单极型集成电路的制作工艺简单，功耗也较低，易于制成大规模集成电路，代表集成电路有 CMOS、NMOS、PMOS 等类型。

5. 集成电路的特点

集成电路一般是在一块厚 0.2 ~ 0.5mm、面积约为 0.5mm 的 P 型硅片上通过平面工艺制作成的。这种硅片（称为集成电路的基片）上可以做出包含十个（或更多）二极管、电阻、电容和连接导线的电路，一小块集成电路上可以集成大量的元器件，是一个独立的功能完善的电子系统，如图 4-7 所示。与分立元器件相比，集成电路元器件有以下特点：

体积小
重量轻
引出线
功耗小
焊接点少
寿命长
可靠性高
性能好
成本低
便于大规模生产

图 4-7　集成电路的特点

1）单个元器件的精度不高，受温度影响较大，但在同一硅片上用相同工艺制造出来的元器件性能比较一致，对称性好，相邻元器件的温度差别小，因而同一类元器件温度特性也基本一致。

2）集成电阻及电容的数值范围窄，数值较大的电阻、电容占用硅片面积较大。集成电阻一般在几十 Ω ~ 几十 kΩ 范围内，电容一般为几十 pF。电感目前不能集成。

3）元器件性能参数的绝对误差比较大，而同类元器件性能参数的比值比较精确。

4）纵向 NPN 型管 β 值较大，占用硅片面积小，容易制造。而横向 PNP 型管的 β 值很小，但其 PN 结的耐压高。

【练一练】

（1）集成电路是如何进行分类的？

（2）按照集成电路的集成度来分，可分为哪些类型，请同时写出它们对应的英文缩写。

（3）可以通过哪些方法知道集成电路的引脚的功能？

（4）集成电路制造常用的半导体材料有哪些？

（5）模拟集成电路按用途可分为哪些类型？

（6）常用的标准数字集成电路主要有哪些类型？

4.1.2　集成电路识别及应用

1. 集成电路的型号识别

国产集成电路的型号命名基本与国际标准接轨，器件的型号由五部分组成，各部分符号及意义见表4-3。

表4-3　集成电路器件型号的组成

第零部分		第一部分		第二部分	第三部分		第四部分	
用字母表示器件符合国家标准		用字母表示器件的类型		用阿拉伯数字和字母表示器件系列品种	用字母表示器件的工作温度范围		用字母表示器件的封装	
符号	意　义	符号	意　义		符号	意　义	符号	意　义
C	中国制造	T	TTL 电路	TTL 分为	C	0～70℃⑤	F	多层陶瓷扁平封装
		H	HTL 电路	54/74 x x x①	G	−25～70℃	B	塑料扁平封装
		E	ECL 电路	54/74 H x x x②	L	−25～85℃	H	黑瓷扁平封装
		C	CMOS 电路	54/74 L x x x③	E	−40～85℃	D	多层陶瓷双列直插封装
		M	存储器	54/74 S x x x	R	−55～85℃	J	黑瓷双列直插封装
		u	微型机电路	54/74 LS x x x④	M	−55～125℃	P	塑料双列直插封装
		F	线性放大器	54/74 A S x x x	·		S	塑料单列直插封装
		W	稳压器	54/74 A LS x x x	·		T	金属圆壳封装
		D	音响电视电路	54/74 F x x x	·		K	金属菱形封装
		B	非线性电路	CMOS 分为			C	陶瓷芯片载体封装
		J	接口电路	4000 系列			E	塑料芯片载体封装
		AD	A-D 转换器	54/74HC x x x			G	网格针栅陈列封装
		DA	D-A 转换器	54/74 HCT x x x			SOIC	小引线封装
		SC	通信专用电路	⋮			PCC	塑料芯片载体封装
		SS	敏感电路				LCC	陶瓷芯片载体封装
		SW	钟表电路					
		SJ	机电仪电路					
		SF	复印机电路					
		⋮						

① 74：国际通用74 系列（民用）

　54：国际通用54 系列（军用）

② H：高速

③ L：低速

④ LS：低功耗

⑤ C：只出现在74 系列

例如，型号为CT74LS160CJ 的国产集成电路，其含义为

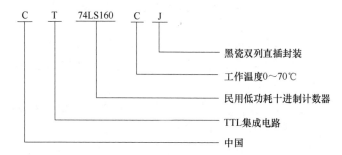

又如，肖特基4输入与非门 CT54S20MD，其含义为

C—符合中国国家标准；

T—TTL 电路；

54S20—肖特基双 4 输入与非门；

M— – 55 ~ 125℃；

D—多层陶瓷双列直插封装。

2. 集成电路封装的识别

封装是指将硅片上的电路引脚用导线连接到封装外壳的引脚上，封装形式是指安装半导体集成电路芯片所用的外壳形式。目前，集成电路的封装形式有几十种，一般是采用绝缘的塑料或陶瓷材料进行封装。按封装体积大小排列分，最大为厚膜电路，其次分别为双列直插式、单列直插式，金属封装、双列扁平、四列扁平为最小。

（1）几种最常见的封装形式

1）DIP 封装。DIP 封装即双列直插式封装。引脚从封装两侧引出，封装材料有塑料和陶瓷两种。绝大多数中小规模集成电路均采用这种封装形式，如图 4-8 所示。

图 4-8　双列直插式封装集成电路

2）BGA 封装。BGA 封装为球形触点陈列封装，属于表面贴装型封装之一。在印刷基板的背面按陈列方式制作出球形凸点用来代替引脚，在印刷基板的正面装配 LSI 芯片，然后用模压树脂或灌封方法进行密封，如图 4-9 所示。

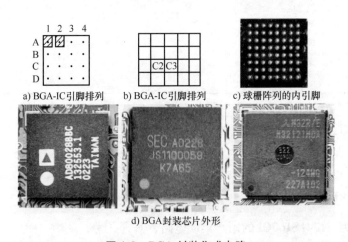

a) BGA-IC引脚排列　　b) BGA-IC引脚排列　　c) 球栅阵列的内引脚

d) BGA封装芯片外形

图 4-9　BGA 封装集成电路

3）PLCC 封装。PLCC 封装为带引线的塑料芯片载体。引脚从封装的四个侧面引出，呈丁字形，是塑料制品。PLCC 封装适用于 SMT 表面安装技术在印制电路板（PCB）上安装布线，如图 4-10 所示。

4）SOP 封装。SOP 封装为小外形封装，是使用最广的表面贴装封装，如图 4-11 所示。其引脚从封装两侧引出，呈海鸥翼状（L 字形），材料有塑料和陶瓷两种。

5）QFP 封装。QFP（Quad Flat Pockage）封装为四侧引脚扁平封装，如图 4-12 所示。

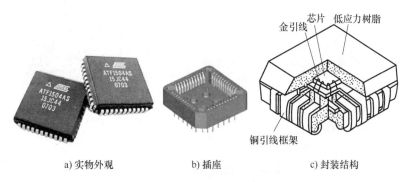

a) 实物外观　　　　　　b) 插座　　　　　　c) 封装结构

图 4-10　PLCC 封装集成电路

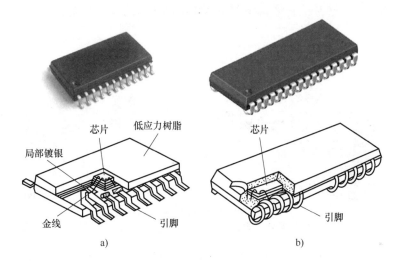

图 4-11　SOP 封装的集成电路

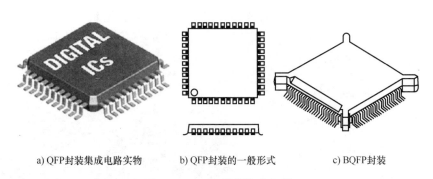

a) QFP封装集成电路实物　　b) QFP封装的一般形式　　c) BQFP封装

图 4-12　QFP 封装集成电路

6）LCCC 封装。LCCC 是陶瓷芯片载体封装的 SMD 集成电路中没有引脚的一种封装，如图 4-13 所示。

7）PQFN 封装。PQFN（Power QFN）封装是基于 JEDEC 标准四边扁平无引脚（QFN）封装的热性能增强版本，如图 4-14 所示。

8）功率塑封装。功率塑封式集成电路一般只有一列引脚，引脚数目较少，一般为 3～

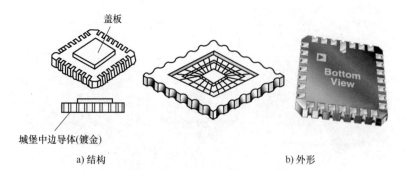

盖板

城堡中边导体(镀金)

a) 结构　　　　　　　　　　　　　　b) 外形

图 4-13　LCCC 封装集成电路

16 只，如图 4-15 所示。其内部电路简单，并且都用于大功率电路中；通常都设有散热片，可以贴装在其他金属散热片上，通常情况下其引脚不进行特殊的弯折处理。

图 4-14　PQFN 封装集成电路　　　　　图 4-15　功率塑封装集成电路

9）金属封装。金属封装型集成电路的功能较为单一，引脚数较少。其安装及代换都十分方便，如图 4-16 所示。

10）单列直插型封装。单列直插型集成电路其内部电路相对比较简单，引脚数目较少（3~16 只），只有一排引脚。这种集成电路造价较低，安装方便，如图 4-17 所示。小型集成电路中多采用这种封装形式。

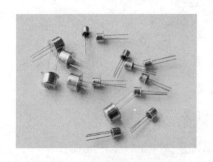

图 4-16　金属封装集成电路　　　　　图 4-17　单列直插型集成电路

11）矩形针脚插入型封装。矩形针脚插入型集成电路的引脚很多，内部结构十分复杂，功能强大，这种集成电路多用于高智能化的数字产品中。如计算机中的中央处理器（CPU）多采用针脚插入型封装形式，如图 4-18 所示。

图 4-18 矩形针脚插入型集成电路

综上所述，表 4-4 列出了常见集成电路封装及特点。

表 4-4 常见集成电路封装及特点

名　　称	封装标	引脚数/间距	特点及其应用
金属圆形 Can TO-99		8、12	可靠性高、散热和屏蔽性能好、价格高，主要用于高档产品
功率塑封 ZIP-TAB		3、4、5、8、10、12、16	散热性能好，用于大功率器件
双列直插 DIP，SDIP DIPtab		8、14、16、20、22、24、28、40 2.54mm/1.78mm 标准/窄间距	塑封造价低，应用最广泛；陶瓷封装耐高温、造价较高，用于高档产品中
单列直插 SIP，SSIP SIPtab		3、5、7、8、9、10、12、16 2.54mm/1.78mm 标准/窄间距	造价低且安装方便，广泛用于民品
双列表面安装 SOP SSOP		5、8、14、16、20、22、24、28 2.54mm/1.78mm 标准/窄间距	体积小，用于微组装产品
扁平封装 QFP SQFP		32、44、64、80、120、144、168 0.88mm/0.65mm QFP/SQFP	引脚数多，用于大规模集成电路
软封装		直接将芯片封装在 PCB 上	造价低，主要用于低价格民品，如玩具 IC 等

3. 集成电路引脚间距的识别

1）普通标准型塑料封装，双列、单列直插式一般多为 2.54 ± 0.25mm，其次有 2mm（多见于单列直插式）、1.778 ± 0.25mm（多见于缩型双列直插式）、1.5 ± 0.25mm 或 1.27 ± 0.25mm（多见于单列附散热片或单列 V 型）、1.27 ± 0.25mm（多见于双列扁平封装）、1 ± 0.15mm（多见于双列或四列扁平封装）、0.8 ± 0.05 ~ 0.15mm（多见于四列扁平封装）、0.65 ± 0.03mm（多见于四列扁平封装）。

2）双列直插式两列引脚之间的宽度一般有 7.4 ~ 7.62mm、10.16mm、12.7mm、15.24mm 等数种。

3）双列扁平封装两列之间的宽度（包括引线长度）一般有 6 ~ 6.5 ± mm、7.6mm、10.5 ~ 10.65mm 等。

4）四列扁平封装 40 引脚以上的长 × 宽，一般有 10 × 10mm（不计引线长度）、13.6 × 13.6 ± 0.4mm（包括引线长度）、20.6 × 20.6 ± 0.4mm（包括引线长度）、8.45 × 8.45 ± 0.5mm（不计引线长度）、14 × 14 ± 0.15mm（不计引线长度）等。

4. 集成电路引脚序号的识别

集成电路的引脚很多，少则几个，多则几百个，各个引脚功能又不一样，所以在使用时一定要对号入座，否则集成电路可能会不工作甚至烧坏。因此，一定要知道集成电路引脚的识别方法，其中正确识别 1 脚是关键。

直插式集成电路的引脚排列有以下几种常见形式。

1）按圆周分布，即所有引脚分布在同一个圆周上。识别时，找到定位销，从识别标记（定位销）开始，沿顺时针方向依次为 1，2，3…如图 4-19 所示。

2）双列分布，即引脚分两行排列。识别标记多为半圆形凹口，有的用金属封装标记或凹坑标记，图 4-20 所示为双列直插集成电路引脚分布的几种情况。这类集成电路引脚的排列方式也是从标记开始，沿逆时针方向依次为 1，2，3…

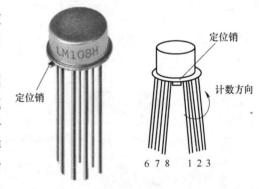

图 4-19 集成电路引脚圆周分布的识别

图 4-20a 所示双列直插集成电路中，它的左下端有一个凹块标记，用来指示左侧端点第一根引脚为 1 脚，然后从 1 脚开始逆时针方向沿集成电路的一圈，各引脚依次排列，见图 4-20a 中的引脚排列示意图。

图 4-20b 所示双列直插集成电路中，它的左侧有一个半圆缺口，此时左侧下端点的第一根引脚为 1 脚，然后逆时针方向依次为各引脚，具体引脚分布见图 4-20b 中所示。

图 4-20c 所示陶瓷封装双列直插集成电路中，它的左侧有一个标记，此时左下方第一根引脚为 1 脚，然后逆时针方向依次为各引脚，见图 4-20c 中引脚步分布所示。注意，如果将这一集成电路的标记放到右边，那么引脚识别方向就错了。

图 4-20d 所示双列直插集成电路中，它的引脚被散热片隔开，在集成电路的左侧下端有一个黑点标记，此时左下方第一根引脚为 1 脚，也是逆时针方向依次为各引脚（散热片不

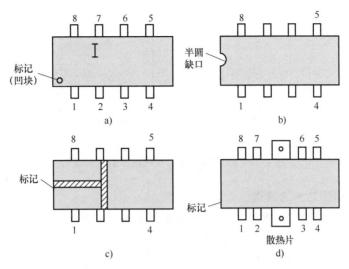

图 4-20　集成电路引脚双列分布的识别

算），见图 4-20d 中所示。

3）单列分布，即引脚单行排列。单列直插集成电路的识别标记有的用切角，有的用凹坑。这类集成电路引脚的排列方式也是从标记开始，从左向右依次为 1，2，3⋯如图 4-21 所示。

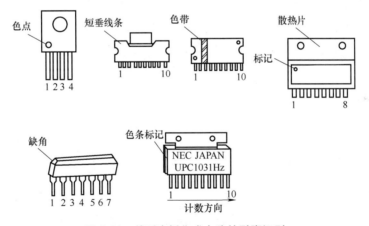

图 4-21　单列直插集成电路的引脚识别

四列扁平封装集成电路引脚很多，常为大规模集成电路所采用，其引脚的标记与排序如图 4-22 所示，将集成电路正面的字母、代号朝向自己，使定位标记在左下方，则处于最左下方的引脚是 1 脚，再按逆时针方向依次数引脚，便是 1，2，3⋯

【重要提醒】

　　绝大多数集成电路都有一个标记指出 1 脚。标记有小圆点、小突起、小凹坑、缺角等。也有少数集成电路的外壳上没有标记，只有型号标注。识别时，应将集成电路上印有型号的一面朝上，正视型号，其左下方的第一根引脚为集成电路 1 脚的位置，然后沿逆时针方向计数，依次是第 2，3，⋯脚。

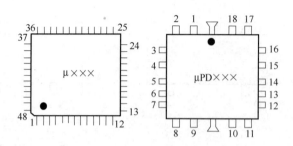

图 4-22 四列扁平封装集成电路的引脚识别

5. 集成电路引脚功能的识别

单独的集成电路是无法工作的，需要给它加接相应的外围元器件并提供电源才能工作。对于大多数人来说，不需要专门了解集成电路内部的具体结构，只需知道集成电路的用途和各引脚的功能即可选用集成电路。

由于集成电路引脚较多，各个引脚的功能不一定相同，因此对于引脚数目很多的集成电路，只能通过查阅相关的 IC 手册或资料才能知道各个引脚的功能。在查阅资料时也可以了解集成电路的主要技术参数。

【经验分享】

对于一些常用的集成电路，我们应该记住其型号、主要参数以及关键引脚的功能，对于维修人员来说，可以达到事半功倍的效果。

【知识窗】

典型 TTL 与非门的主要技术参数

参 数 名 称	符号	单位	测 试 条 件	产品规格	典型值
输出高电平	UON	V	任一输入端接地，其余悬空	≥3.2	3.6
输入短路电流	IIS	mA	待测输入端接地，其余悬空，输出空载	≤2.2	1.4
输出低电平	UOL	V	待测输入端接 1.8V，其余悬空，灌电流 NIts	≤0.35	
扇出系数	N		待测输入端接 1.8V，其余悬空，输出为低电平 0.35V	≥8	
开门电平	UON	V	待测输入端接 1.8V，其余悬空，Uo < 0.35V，N = 8	≤1.8	1.4
关门电平	UOFF	V	待测输入端接 0.8V，其余悬空，Uo > 2.7V	≥0.8	1.0
空载导通功耗	PON	mW	输入端悬空，输出空载	≤50	32
高电平输入电流	IIN	mA	待测输入端接 5V，其余接地，输入端空载	≤70	1 ~ 10
平均传输延迟时间	T	ns	待测输入端接 3V，f = 2MHz，N = 8	≤40	

6. SMT 集成电路包装的识别

（1）散装

无引线且无极性的 SMT 元件可以散装，例如一般矩形、圆柱形电容器和电阻器。散装的元件成本低，但不利于自动化设备的拾取和贴装。

（2）盘状编带包装

如图 4-23 所示，编带包装适用于除大尺寸 QFP、PLCC、LCCC 芯片以外的其他元器件，其具体形式有纸编带、塑料编带和粘接式编带三种。

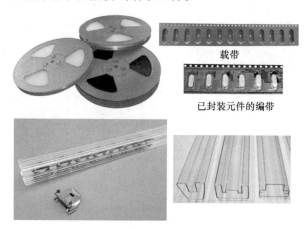

载带

已封装元件的编带

图 4-23　盘状编带包装

（3）管式包装

图 4-24 所示管式包装主要用于 SOP、SOJ、PLCC 集成电路、PLCC 插座和异形元件等，从整机产品的生产类型看，管式包装适合用于品种多、批量小的产品。

图 4-24　管式包装

（4）托盘包装

如图 4-25 所示，托盘由碳粉或纤维材料制成，用于要求暴露在高温下的元器件。托盘通常具有 150℃ 或更高的耐温。

TI光端机芯片接口-驱动器，收发器TFP410PAP

图 4-25　托盘包装

【知识窗】

片状集成电路

片状集成电路具有引脚间距小、集成度高等优点，广泛用于彩电、笔记本电脑、移动电话、DVD 等高新技术电子产品中。

片状集成电路的封装有小型封装和矩形封装两种形式。小型封装又分为 SOP 和 SOJ 两

种封装形式，这两种封装电路的引脚间距大多为 1.27mm、1.0mm 和 0.76mm。其中 SOJ 占用印制板的面积更小，应用较为广泛。矩形封装有 QFP 和 PLCC 两种封装形式，PLCC 比 QFP 更节省电路板的面积，但其焊点的检测较为困难，维修时拆焊更困难。

此外，还有 COB 封装，即通常所谓的"软黑胶"封装。它是将 IC 芯片直接粘在印制电路板上，通过芯片的引脚实现与印制板的连接，最后用黑色的塑胶包封，如图 4-26 所示。

图 4-26　片状集成电路

【练一练】

（1）如何快速找到集成电路的第一引脚？

（2）在括号中填上该集成电路的封装方式。

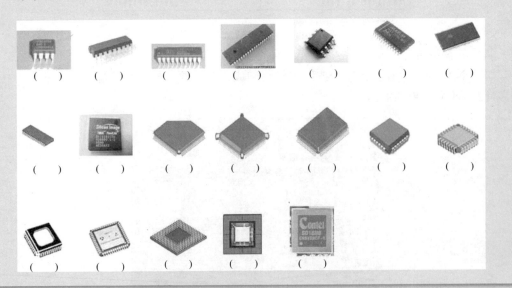

4.1.3　集成稳压器识别与应用

1. 集成稳压器简介

集成稳压器又叫集成稳压电路，是将不稳定的直流电压转换成稳定直流电压的集成电路。

近年来，集成稳压电源已得到广泛应用，其中小功率的稳压电源以三端式串联型稳压器应用最为普遍。

2. 集成稳压器种类及功能的识别

集成稳压器一般分为线性集成稳压器和开关集成稳压器两类。线性集成稳压器又分为低压差集成稳压器和一般压差集成稳压器。开关集成稳压器又分为降压型集成稳压器、升压型集成稳压器和输入与输出极性相反集成稳压器。

集成稳压器按出线端子多少和使用情况大致可分为三端固定式、三端可调式、多端可调式及单片开关式等几种。

（1）三端固定式集成稳压器

三端固定式集成稳压器是将取样电阻、补偿电容、保护电路、大功率调整管等都集成在同一芯片上，使整个集成电路块只有输入、输出和公共三个引出端，使用非常方便，因此获得了广泛应用。它的缺点是输出电压固定，所以必须生产各种输出电压、电流规格的系列产品。

78XX 系列、79XX 系列都属于三端固定式集成稳压器，这类稳压器有输入、输出和公共端三个端子，输出电压固定不变（一般分为若干等级），如图 4-27 所示。

78XX 系列集成稳压器是常用的固定正输出电压的集成稳压器，输出电压为 5V、6V、9V、12V、15V、18V、24V 共 7 个档次，这个系列产品的最大输出电流可达 1.5A。同类型的产品还有 CW78M00 系列，输出电流为 0.5A；CW78L00 系列，输出电流为 0.1A。

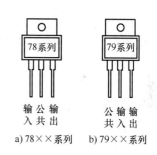

a) 78×× 系列　　b) 79×× 系列

图 4-27　三端固定式集成稳压器

79XX 系列集成稳压器是常用的固定负输出电压的集成稳压器，如 CW7900、CW79M00 和 CW79L00 系列。

三端固定式集成稳压器的型号组成及含义如下：

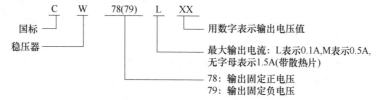

【重要提醒】

三端固定式集成稳压器型号的后缀两位数代表输出电压值，例如型号为 7812，则输出电压值为 +12V。

（2）三端可调式集成稳压器

只需外接两只电阻即可获得各种输出电压。常见的产品有 LM117/LM217/LM317 系列输出连续可调的正电压，可调电压范围为 1.25～37V，最大输出电流可达 1.5A。LM137/LM237/LM337 系列输出连续可调的负电压，可调电压范围为 −1.25～−37V，最大输出电流可达 1.5A。

三端可调式集成稳压器引脚排列如图 4-28 所示。除输入、输出端外，另一端称为调整端。

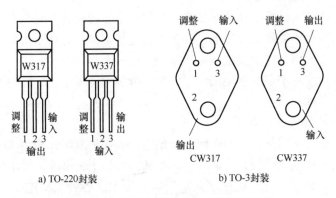

a) TO-220封装   b) TO-3封装

图 4-28 三端可调式集成稳压器引脚排列

目前，已经有将大功率晶体管和集成电路结合在一起的大电流三端可调式稳压块，如 LM396 的最大输出电流可达 10A，输出电压从 1.2～15V 连续可调，最大功耗可达 70W。该系列产品的输出电流较大，具有过热保护、短路限流等功能。LM396 的封装形式如图 4-29 所示。

（3）多端集成稳压器

多端集成稳压器有多端固定集成稳压器和多端可调集成稳压器两大类。

多端固定集成稳压器分正、负输出，代表产品有 CW1568、CW1468 等，输出电压为 −15～+15V。多端固定集成稳压器输出电流较小（100mA），要想得到较大的输出

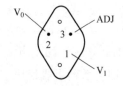

图 4-29 LM396 的封装形式

电流就必须外接功率管。其代表产品的封装形式与引脚功能如图 4-30 所示。

多端可调集成稳压器采样电阻和保护电路的元器件需要外接，外接端比较多，便于适应不同的用法。其输出电压可调，以满足不同的输出电压要求。多端可调集成稳压器的输出有正电压和负电压两种。输出正电压的产品有 CW05 系列（CW105、CW205、CW305）、CW723、CW1569、CW3085 等，CW105 的输出电压为 4.5～40V；输出负电压的产品有 CW04 系列（CW104、CW204、CW304）、CW1563 等，CW104 的输出电压为 −40～−0.015V。

（4）单片开关式集成稳压电源

单片开关式集成稳压电源是最近几年发展起来的一种稳压电源，其效率非常高。它的工作原理与上述三种类型稳压器不同，是由直流变交流（高频）再变直流的变换器。通常有脉冲宽度调制和脉冲频率调制两种，输出电压是可调的。以 AN5900、TLJ494、HAL7524 等

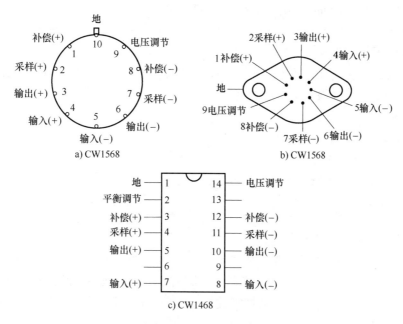

图 4-30　多端固定集成稳压器引脚排列

为代表，广泛应用在计算机、电视机和测量仪器等设备中。单片开关式集成稳压器的一个重要优点是具有较高的电源利用率，目前国内生产的 CW1524、CW2524、CW3524 系列为集成脉宽调制型，用它可以组装成开关型稳压电源。

3. 固定输出式三端集成稳压器的应用

利用三端固定输出电压集成稳压器可以方便地构成固定输出的稳压电源，如图 4-31 所示。例如要求 6V 输出电压，就可以选择 CW7806、CW78M06 或 CW78L06，其输出电压偏差在 ±2% 以内。若考虑输出电流在 1.5A 以内，则选用 CW7800 系列；在 0.5A 以内，则选用

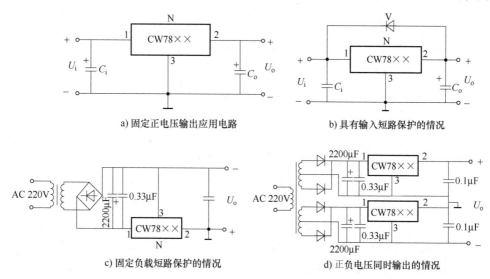

图 4-31　78XX 系列集成稳压器的应用

139

CW78M00 系列；小于 100mA，则选用 CW78L00 系列。

⚙ 【重要提醒】

虽然三端稳压器内部电路有过电流、过热及调整管安全工作区等保护功能，但在使用中应注意以下几个问题以防稳压器损坏：

1）防止输入端对地短路；

2）防止输入端和输出端接反；

3）防止输入端滤波电路断路；

4）防止输出端与其他高电压电路连接；

5）稳压器接地端不得开路。

---

4. 可调式三端集成稳压器的应用

CW137 可调集成稳压器的典型应用电路如图 4-32 所示。其中，C_1 是为防止电路发生自激而设定的，VD_1 是保护二极管，C_2 接在稳压器调整端和接地端之间，其作用是将 RP_1 上的纹波旁路掉，以提高稳压器的纹波抑制性能，电路中的 VD_2 用于防止反向峰值电流流向调整端，使集成电路受损。

图 4-33 所示为 LM117 和 LM137 组成的正负输出电压可调的稳压电路。

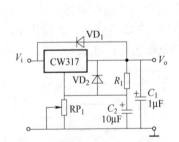

图 4-32　CW137 可调集成
稳压器的典型应用电路

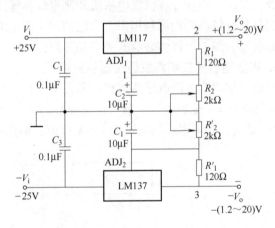

图 4-33　LM117 和 LM137 组成的
正负输出电压可调的稳压电路

5. LM396 三端可调稳压器的应用

LM396 为 10A 级三端可调稳压器，具有 LM317 所具备的全部保护功能，其典型应用电路如图 4-34 所示。R_1 和 R_2 应选用低温漂的金属膜电阻，C_1 和 C_2 为输入滤波电容，C_3 用于抑制电路纹波，降低输出阻抗及噪声。当接入 C_3 后，C_4 应紧靠稳压器安装。主滤波电容 C_1 的电容值应大于 $(200\mu F/A) \times I_0$，例如 $I_0 = 10A$，C_1 至少要选用 $2000\mu F$。C_4 可不用，但它能够降低高频输出阻抗，通常选用 $1 \sim 10000\mu F$ 的铝电解电容或钽电解电容。

图 4-35 所示为两个 LM396 的并联应用电路，由铜线电阻（0.015Ω）实现均流，最大输出电流可达 20A。

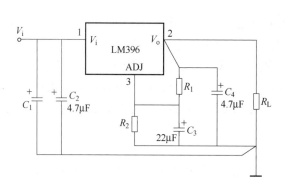

图 4-34 LM396 典型应用电路

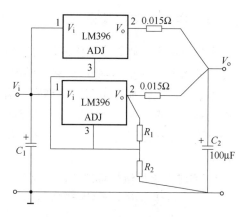

图 4-35 两个 LM396 并联应用电路

【经验分享】

识读集成电路应用电路的方法和注意事项如下:

1) 了解各引脚的作用是识图的关键。例如某功放集成电路,如果知道 1 脚是输入引脚,那么与 1 脚所串联的电容就是输入端耦合电路,与 1 脚相连的电路是输入电路。

2) 了解集成电路各引脚作用的三种方法。一是查阅有关资料;二是根据集成电路的内电路框图进行分析;三是根据集成电路应用电路中各引脚的外电路特征进行分析。

【练一练】

(1) 在下表中正确填入三端固定式集成稳压器的输出电压。

7800 系列	7805	7806	7808	7809	7812	7815	7818	7824
7900 系列	7905	7906	7908	7909	7912	7915	7918	7924

(2) 在下表中正确填入三端可调式集成稳压器的引脚功能。

三端集成稳压器	1 脚	2 脚	3 脚
78×× 系列			
79×× 系列			
CW317 系列			
CW337 系列			

4.1.4　集成电路的检测

利用万用表检测集成电路好坏的根据是集成电路的任一只引脚与接地引脚之间的阻值不应为零或无穷大（空脚除外）；多数情况下应具有不对称的电阻值，即正、反向（或称黑表笔接地、红表笔接地）电阻值不相等，有时差别小一些，有时差别相当悬殊。如果某一只引脚与接地引脚之间的电阻值变为 0 或 ∞，或者其正反向电阻变为相同或差别规律相反，则说明该引脚与接地引脚之间存在短路、开路、击穿等故障。显然，这样的集成电路已损坏或者性能已变差。

1. 集成电路质量好坏的简单判别法

一看。封装考究，型号标记清晰字迹，商标及出厂编号产地俱全，且印刷质量较好（有的为烤漆激光蚀刻等），这样的生产厂商在生产加工过程中质量控制得比较严格。

二检。引脚光滑亮泽，无腐蚀插拔痕迹，生产日期较短，正规商店经营。

三测。对常用数字集成电路，为保护输入端及工厂生产需要，每一个输入端分别为 VDD、GND 接了一个二极管（反接），用数字万用表的二极管档位可测出二极管效应。VDD、GND 之间的静态电阻值应在 20kΩ 以上，若小于 1kΩ 则说明已损坏。

> **【重要提醒】**
>
> 要想知道集成电路的好坏，可用万用表测量集成电路各引脚的工作电压是否正常，也可以将集成电路取下，测量集成电路各引脚与接地引脚之间是不是正常。

2. 集成电路检测须知

1）检测前要了解集成电路及其相关电路的工作原理。检查和修理集成电路前首先要熟悉所用集成电路的功能、内部电路、主要电气参数、各引脚的作用以及引脚的正常电压、波形与外围元器件组成电路的工作原理。

2）测试避免造成引脚间短路。集成电路的引脚间距较小，在进行电压测量或用示波器探头测试波形时，应避免造成引脚间短路，最好在与引脚直接连通的外围印制电路板上进行测量。任何瞬间的短路都容易损坏集成电路，尤其在测试扁平封装的 CMOS 集成电路时更要加倍小心。

带电测试时，表笔或探头要采取防滑措施。防止打滑触碰邻近点引起短路。

3）严禁用外壳已接地的仪器直接测试无电源隔离变压器的电视、音响等电子产品。当接触到较特殊，尤其是输出功率较大或对采用的电源性质不太了解的电子产品时，首先要弄清该机底盘是否带电，否则极易与底板带电的电子产品造成电源短路，波及集成电路，导致故障的进一步扩大。

4）不要轻易地断定集成电路已损坏。因为集成电路绝大多数为直接耦合，一旦某一电路不正常，则可能会导致多处电压变化，而这些变化不一定是由集成电路损坏引起的，另外在有些情况下测得各引脚电压与正常值相符或接近时，也不一定都能说明集成电路就是好的。因为有些软故障不会引起直流电压的变化。

对于动态接收装置，如电视机，在有无信号时，集成电路各引脚电压是不同的。如发现引脚电压不该变化的反而变化大，或该随信号大小和可调元器件不同位置而变化的反而不变化，则可以确定集成电路损坏。

对于多种工作方式的装置，在不同工作方式下，集成电路各引脚电压也是不同的。

5）测试仪表内阻要大。测量集成电路引脚直流电压时，应选用表头内阻大于 $20\mathrm{k\Omega/V}$ 的万用表，否则对某些引脚电压会有较大的测量误差。

【重要提醒】

测试集成电路应注意的一些细节，操作者需根据不同类型的集成电路来确定，不能因为测试操作失误而损坏集成电路。电阻测量法测试集成电路时应特别注意以下几点：

1）由于集成电路电参数的离散性，即使是同一生产厂商、同一批产品，其电参数也不完全一样。这就是说，集成电路的内部电阻值必然存在很大的离散性。再加上 PN 结正、反向电阻值与测量用电表内部电池电压的高低以及环境温度都有密切的关系，从而使集成电路内部电阻值的离散性更大。

2）大量的测试实践证明，只要能够准确地分析其内部电阻值的规律性，用万用表判断集成电路的好坏是完全可行的。

3）不要过分在意电阻值的绝对大小，而是要注意电阻值分布的规律性，尤其要注意同一只引脚正、反向电阻值的不对称性。

4）电阻测量方法有它的局限性，当集成电路内部的晶体管、二极管数量特别多，而击穿短路或断路的 PN 结又远离其引脚时，显然它的阻值变化对引脚电阻的影响不是很大。也就是说，对于大规模及超大规模集成电路存在局限性，而对于中小型集成电路，特别是小规模集成电路还是相当准确的。维修人员应结合电路故障的表现形式，集成电路各引脚的电压值以及在线时对地的正、反向电阻值，再结合其正、反向内部电阻值的情况，综合起来分析判断集成电路的好坏。

【知识窗】

集成电路损坏的特点

集成电路内部结构复杂，功能很多，任何一部分损坏都无法正常工作。集成电路的损坏也有两种，即彻底损坏及热稳定性不良。

集成电路彻底损坏时，可将其拆下，与正常同型号集成电路对比，测量其每一根引脚对地的正、反向电阻值，总能找到其中一根或几根引脚阻值异常。

热稳定性差的集成电路，可以在设备工作时，用无水酒精冷却怀疑故障的集成电路，如果故障发生时间推迟或不再发生故障，则可判定为热稳定性不良，通常只能更换新集成电路来排除。

3. 集成电路的非在路测量

非在路测量是在集成电路未接入电路时，通过万用表测量集成电路各引脚与接地引脚之间的正、反向直流电阻值，并与已知正常同型号集成电路各引脚之间的直流电阻值进行比较，来确定其是否正常。

具体方法如下：将指针式万用表调到 R×1kΩ 档，将万用表黑表笔固定在接地脚上，测量集成电路各引脚与接地引脚之间的正、反向电阻值（内部电阻值），将测量的电阻值与已知正常的内部电阻值进行比较。如果两者完全相同，则说明被测集成电路正常，如果有引脚电阻差距很大，则说明被测集成电路损坏。

由于集成电路内部有大量的二极管、晶体管等非线性器件，因此在用指针式万用表电阻档检测时，仅测得一个电阻值还不能判断其好坏，必须交换表笔再测一次，以便得到正、反向两个电阻值，如图 4-36 所示。只有当正、反向阻值都符合标准时，才能断定该集成电路完好。因为指针式万用表的 R×1Ω 档电流较大，R×10kΩ 档电压较高，所以一般应避免使用 R×1Ω 档和 R×10kΩ 档来测量集成电路。

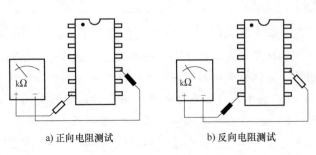

a) 正向电阻测试　　　b) 反向电阻测试

图 4-36　正反向电阻测试示意图

在用数字式万用表的二极管检测档检测时，也必须进行正、反向两次测试，才好做出判断。例如，74LS00 内部共有四个"与非"门，每个门有两个相同的输入端，因此这八个输入端（1、2、4、5、9、10、12、13）的内阻应当基本相同，四个输出端（3、6、8、11）的内阻也应当基本相同。如果出现某个引脚内阻与本器件中其他同类引脚内阻相差过大，则说明该引脚有故障，如图 4-37 所示。

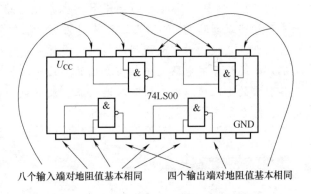

八个输入端对地阻值基本相同　　　四个输出端对地阻值基本相同

图 4-37　万用表检测 74LS00 的同类引脚端

"与非"门电路及其他数字电路电源引脚与接地引脚的排列方式有两种，左上角最边上的一只为电源引脚，右下角最边上的一只为接地脚，如图 4-38a 所示，或者上边中间一只为电源引脚，下边一只为接地脚，如 4-38b 所示。

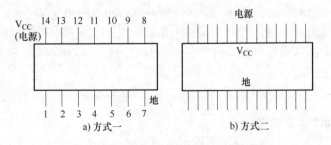

a) 方式一　　　　b) 方式二

图 4-38　电源引脚与接地引脚的安排方式

这两种引脚的安排方式，前一种较多，后一种较少。数字集成电路电源引脚与接地引脚之间，其正、反向电阻值一般有明显的差别。红表笔接电源引脚、黑表笔接接地引脚测出的电阻为几千欧，红表笔接接地引脚、黑表笔接电源引脚测出的电阻为十几欧、几十千欧甚至更大。根据这两种方法，一般就不难检测出其电源引脚和接地引脚。

对于 CMOS 与非门电路，用万用表 R×1kΩ 档，黑表笔接其接地引脚，用红表笔依次测量其他各引脚与接地引脚之间的电阻值，其中阻值稍大的引脚为与非门的输入端，而阻值稍小的引脚为其输出端（输入阻抗高、输出阻抗低），这种方法同样适用于或非门、与门、反相器等数字电路。

正常情况下，集成电路的任一引脚与其接地引脚之间的电阻值不应为零或无穷大（空脚除外），多数情况下为不对称的电阻值，即正、反向（或称黑表笔接地、红表笔接地）电阻值不相等，有时差别小一些，有时差别悬殊。

上述结论也可以这样叙述，如果某一引脚与接地引脚之间应当具有一定大小的电阻值，而现在变为 0 或 ∞，或者其正、反向电阻值应当有明显差别，而现在变为相同或差别规律相反，则说明该引脚与接地引脚之间存在短路、开路、击穿等故障。显然，这样的集成电路已损坏，或者性能已变差。这一结论就是利用万表检测集成电路好坏的根据。

【经验分享】

采用开路测量电阻法判别集成电路好坏比较准确，并且对于大多数集成电路都适用，其缺点是检测时需要找一个同型号的正常集成电路作为对照，解决这个问题的方法是平时多测量一些常用集成电路的开路电阻值数据，以便日后检测同型号集成电路时作为参考，另外也可查阅一些资料来获得这方面的数据。

如果集成电路的某一引脚与其接地引脚之间的阻值为 0 或无穷大（空脚除外），则说明集成电路损坏（内部短路、开路或被击穿）；如果集成电路任一引脚与接地引脚之间均具有一定大小的电阻值，则说明集成电路基本正常。

4. 集成电路的在路测量

集成电路在路测量是利用电压测量法、电阻测量法及电流测量法等，通过在电路中测量集成电路各引脚的电压值、电阻值和电流值是否正常来判断该集成电路是否已损坏，如图 4-39 所示。

（1）在路直流电压测量法

在路直流电压测量法是在通电的情况下，用万用表直流电压档测量集成电路各引脚的对地电压，再与参考电压进行比较来判断故障的方法。

1）尽量使用内阻高的万用表，以减小测量时万用表内阻对测量结果的影响。例如 MF47 型万用表直流电压档的内阻为 20kΩ/V，当选择 10V 档测量时，万用表的内阻为 200kΩ，在测量时，万用表内阻会对被测电压有一定的分流，从而使被测

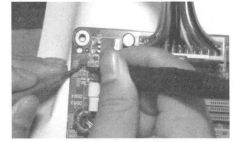

图 4-39 电阻测量法在路测量集成电路

电压比实际电压略低，内阻越大，对被测电路电压的影响越小。

2）首先测量集成电路的电源引脚电压是否正常。如果电源引脚电压不正常，则可以检

查供电电路；如果供电电路正常，则可能是集成电路内部损坏，或者集成电路某些引脚的外围元器件损坏，进而通过内部电路使电源引脚电压不正常。

3）测量其他引脚电压是否正常。如果个别引脚电压不正常，则先检测该引脚的外围元器件，若外围元器件正常，则为集成电路损坏，如果多个引脚电压不正常，则可通过集成电路内部大致结构和外围电路工作原理，分析这些引脚电压是否是由某个或某些引脚电压变化引起的，着重检查这些引脚的外围元器件，若外围元器件正常，则为集成电路损坏。

4）有些集成电路在动态（有信号输入）和静态（无信号输入）时某些引脚电压可能不同，在将实测电压与该集成电路的参考电压进行对照时，要注意其测量条件，实测电压也应在该条件下测得。

5）有些电子产品有多种工作方式，在不同的工作方式间切换时，相关集成电路的某些引脚电压会发生变化。对于这种集成电路，需要分析电路工作原理才能做出准确的测量与判断。

【经验分享】

测量集成电路的电压时，一般测量集成电路的电源引脚、信号输入引脚、信号输出引脚和一些重要的控制引脚等关键测试点。集成电路的电源引脚电压异常时，如果其他各引脚电压也不正常，则应先重点检查电源引脚的外围电路。

（2）在路电阻测量法

集成电路焊接在电路中，各引脚与电路的地之间必然有一定的电阻值，即在路电阻值。在路电阻测量法是在切断电源的情况下，用万用表电阻档测量集成电路各引脚及外围元器件的正、反向电阻值，再与参考数据相比较来判断故障的方法。

1）测量前一定要断开被测电路的电源，以免损坏元器件和仪表。

2）有些集成电路的工作电压较低，如 3.3V、5V，为了防止高电压损坏被测集成电路，测量时万用表最好选择 R×100Ω 档或 R×1kΩ 档。

3）在测量集成电路各引脚电阻时，一只表笔接地，另一只表笔接集成电路各引脚，测得的阻值是该脚外围元器件与集成电路内部电路及有关外围元器件的并联值。如果发现个别引脚电阻与参考电阻差距较大，则应先检测该引脚外围元器件，如果外围元器件正常，则通常为集成电路内部损坏，如果多数引脚电阻不正常，则集成电路损坏的可能性很大，但也不能完全排除是引脚外围元器件损坏。

用万用表依次测量出集成电路各引脚与电路地之间的在线电阻值，并与电路工作正常时的电阻值相比较，基本上能够判断出集成电路本身的好坏，如图 4-40 所示，测量结果见表 4-5。

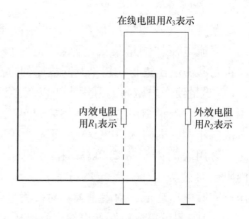

图 4-40　在线电阻测量结果分析

表 4-5　集成电路在线电阻值分析

序号	实际情况	测量结果分析
1	R_1 和 R_2 都很大	此时，它们的并联值 R_3 也比较大。当 R_1 或 R_2 发生断路故障时，R_3 将变大，当 R_1 或 R_2 同时发生断路故障时，R_3 将变为 ∞；当 R_1 或 R_2 发生短路故障时，R_3 将变得很小，甚至为零。由此可见，当 R_3 的阻值比正常值大很多（甚至为 ∞），或者比正常值小很多（甚至为零 0）时，说明集成电路及外围电路之一有短路或断路故障。此时应将外围电路与集成电路的引脚脱开，分别测量它们的对地电阻值，不难发现故障所在
2	R_1 很小，R_2 很大	此时 R_3 的值较小。如果发生 R_1 断路的情况，则 R_3 的值将变为很大；如果 R_1 与 R_2 同时断路，则 R_3 将变为 ∞；如果 R_1 或 R_2 或者两者同时发生短路故障，则 R_3 将变得很小甚至为零。由此可见，当 R_3 的值比正常值大很多或小很多时，与上面的情况类似，说明集成电路本身或外围电路之一有断路或短路故障
3	R_1 很大，R_2 很小	与上述类似
4	R_1 和 R_2 都很小	当集成电路与外围电路之一发生严重短路时，R_3 会明显变小或为零；只有二者同时发生断路时，R_3 的值才能变大或为 ∞

从表 4-5 可知，当 R_3 的值比电路正常时的值显著变大（甚至为 ∞）或者显著变小（甚至为零）时，说明集成电路本身或其外围电路中，至少有一个地方发生了断路或短路故障。也就是说，当集成电路内部某只引脚与其接地引脚之间发生了断路或短路故障时，它将必然影响到该引脚的在线电阻值，使其变大或变小。当遇到这种情况时，应将外围电路与集成电路脱开，便不难查出故障所在。

⚙ 【重要提醒】

集成电路的内部电阻 R_1 具有很大的离散性，并且其外围电阻 R_2 随测量机型的不同而不同，因此使得集成电路各引脚的在线电阻 R_3 的离散性更大，从而增加了对在线集成电路好坏判断的难度。但是只要注意 R_3 的规律性，根据 R_3 阻值的变化程度和规律，判断在线集成电路的好坏还是有使用价值的。

（3）在路总电流测量法

在路总电流测量法是指通过测量集成电路的总电流来判断故障的方法。

集成电路内部元器件大多采用直接连接方式组成电路，当某个元器件被击穿或开路时，通常会对后级电路有一定的影响，从而使得整个集成电路的总工作电流减小或增大，测得集成电路的总电流后再与参考电流比较，过大或过小均说明集成电路或外围元器件存在故障。电子产品的图纸和相关资料一般不提供集成电路总电流的参考数据，该数据可在正常电子产品的电路中实测获得。

✎ 【经验分享】

在路测量集成电路的总电流时，既可以断开集成电路的电源引脚直接测量电流，也可以测量电源引脚供电电阻两端的电压，然后利用 $I = U/R$ 计算出电流值。

5. 集成电路代换检测法

代换法是指当怀疑集成电路可能损坏时，直接用同型号正常的集成电路代换的方法，如果故障消失，则为原集成电路损坏，如果故障依旧，则可能是集成电路外围元器件损坏或更换的集成电路不良，也可能是外围元器件故障未排除导致更换的集成电路又被损坏，还有些集成电路可能是未接收到其他电路送来的控制信号。

具体做法是在一台工作正常且应用该型号集成电路的电子产品上，先在印制电路板的对应位置焊接一只集成电路座，在断电的情况下小心地将待检测的集成电路插上，接通电源。若电路工作不正常，则说明该集成电路性能不好或者已经损坏。

1）由于在未排除外围元器件故障时直接更换集成电路可能会使集成电路再次损坏，因此，对于工作在高电压、大电流下的集成电路，最好在检查外围元器件正常的情况下再更换集成电路，对于工作在低电压下的集成电路，也尽量在确定一些关键引脚的外围元器件正常的情况下再更换集成电路。

2）有些数字集成电路内部含有程序，如果程序发生错误，则即使集成电路外围元器件和相关控制信号都正常，集成电路也不能正常工作，对于这种情况，可使用一些设备重新为集成电路写入程序，或更换已写入程序的集成电路。

显然，这种检测方法的优点是准确、实用，对引脚数目少的小规模集成电路比较方便，但是对引脚数目很多的集成电路，不仅焊接的工作量大，而且往往会受到客观条件的限制，容易出错，或者不易找到合适的设备或配套的插座等。

6. 三端集成稳压器的检测

电路中的集成稳压器可以通过测量引脚间的电阻值和稳压值来判断其好坏。

（1）电阻值检测

用万用表 R×1kΩ 档测量三端集成稳压器各引脚之间的电阻值（正测、负测各一次），可以根据测量的结果粗略判断出被测集成稳压器的好坏，如图 4-41 所示。

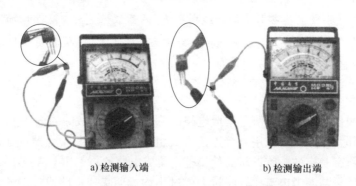

a) 检测输入端　　　　　　　　　　b) 检测输出端

图 4-41　万用表检测三端集成稳压器

如果测量的引脚间的正向电阻值为一个固定值，而反向电阻值为无穷大，则集成稳压器正常。

如果测得某两脚之间的正、反向电阻值均很小或接近 0Ω，则该集成稳压器内部已击穿损坏。

如果测得两脚之间的正、反向电阻值均为无穷大，则该集成稳压器已开路损坏。

如果测得集成稳压器的阻值不稳定，随温度的变化而改变，则该集成稳压器的热稳定性能不良。

【重要提醒】

所谓正测是指黑表笔接稳压器的接地端，红表笔依次接触另外两只引脚；负测是指红表笔接地端，黑表笔依次接触另外两只引脚。

（2）测量稳压值

将指针式万用表调到直流电压 10V 或 50V 档（根据集成稳压器的输出电压大小）。将被测集成稳压器的电压输入端与接地端之间加一个直流电压。用万用表的红表笔接输出端，黑表笔接地，测量输出的稳压值。

如果输出的稳压值正常，则集成稳压器正常；

如果输出的稳压值不正常，则集成稳压器损坏。

【经验分享】

在路检测集成电路各引脚的直流电压时，为防止表笔在集成电路各引脚间滑动造成短路，可将万用表的黑表笔与直流电压的"地"端固定连接，方法是在"地"端焊接一段带有绝缘层的铜导线，将铜导线的裸露部分缠绕在黑表笔上，放在电路板的外边，防止与板上的其他地方连接。用一只手握住红表笔，找准欲测量集成电路的引脚接触好，另一只手可扶住电路板，保证测量时表笔不会滑动。

【练一练】

1. 填空题

（1）用万用表测量集成电路各引脚与接地脚之间的_____电阻值（内部电阻值），并与正常同型号的内部电阻值相比较，便能很快确定被测集成电路的好坏。

（2）集成电路的任一只引脚与其接地引脚之间的阻值不应为_____（空脚除外）。

（3）先将_____接在集成电路的接地脚上，且在整个测量过程中保持不变，然后利用_____从第一只引脚开始，依次测出对应的电阻值，称为正向电阻测量。

（4）当满足数字集成电路的输入条件时，输出高电平或低电平。对数字集成电路进行检测，就是检测其输入引脚与输出引脚之间的_____关系是否存在。

（5）数字集成电路电源引脚与接地引脚之间，其正、反向电阻值一般均有_____差别。

2. 检测集成电路常用的方法有哪些？

模块 2 难点易错点解析

4.2.1 集成电路应用难点易错点

1. 如何正确识别集成电路?

使用集成电路前,必须认真查对和识别集成电路的引脚,确认电源、地、输入、输出及控制等相应的引脚,以免因错接而损坏器件。同时要全面了解集成电路的用途、功能、电特性,还必须知道该集成电路的型号及其产地。

集成电路的正面印有型号或标记,可以根据型号的前缀或标记初步判断出它是哪个生产厂商或公司的集成电路,根据其数字就能知道属于哪一类的电路功能。例如 AN5620,前缀"AN"说明是松下公司双极型集成电路,数字"5620"前两位区分电路主要功能,"56"说明是电视机用集成电路,而"70~76"属音响用集成电路。详细情况应参阅生产厂商集成电路型号的命名。

2. 为什么安装集成电路时一定要注意方向?

集成电路的引脚较多,在 PCB 上安装集成电路时,应注意使集成电路的 1 脚与 PCB 上的 1 脚一致,关键是方向不要搞错。否则,通电时集成电路很可能被烧毁。一般规律是集成电路引脚朝上,以缺口或一个点"·"或竖线条为准,按逆时针方向排列。

3. 集成电路的有些空脚为什么不应擅自接地?

集成电路的内部等效电路和应用电路中有些引脚没有标明,遇到空的引脚时,不应擅自接地,这些引出脚为更替或备用脚,有时也作为内部连接。

数字电路所有不用的输入端,均应根据实际情况接上适当的逻辑电平(V_{dd} 或 V_{ss}),不得悬空,否则电路的工作状态将不稳定,并且会增加电路的功耗。

对于触发器(CMOS 电路)还应考虑控制端的直流偏置问题,一般可在控制端与 V_{dd} 或 V_{ss}(视具体情况而定)之间接一只 $100k\Omega$ 的电阻,使触发信号接到引脚上。这样才能保证在常态下电路状态是唯一的,一旦触发信号(脉冲)来到,触发器便能正常翻转。

4. 为什么要注意集成电路引脚能承受的应力与引脚间的绝缘?

集成电路的引脚上不要加太大的应力,在拆卸集成电路时要小心,以防折断。对于耐高压集成电路,电源 V_{cc} 与地线以及其他输入线之间要留有足够的空隙。

5. 为什么集成电路不允许大电流冲击?

大电流冲击最容易导致集成电路损坏,所以正常使用和测试时的电源应附加电流限制电路。

6. 为什么不能带电插拔集成电路?

带有集成电路插座或电路间连接采用接插件,以及组件式结构的音响设备等时,应尽量避免拔插集成块或接插件,必须要拔插时,一定要切断电源,并注意在电源滤波电容放电后进行。

7. 为什么集成电路要防止超过最高温度?

一般集成电路所受的最高温度为 260℃、10s 或 350℃、3s,这是指每块集成电路全部引脚同时浸入离封装基底平面的距离大于 1~1.5mm 所允许的最长时间,所以波峰焊和浸焊温

度一般控制在 $240 \sim 260℃$，时间约 7s。

对功率集成电路需要安装散热板后才能通电使用。

8. 为什么集成电路引脚加电时要同步？

集成块各引脚施加的电压要同步，原则上集成块的 V_{cc} 与地之间要最先加上电压。CMOS 电路尚未接通电源时，决不可以将输入信号加到 CMOS 电路的输入端。如果信号源和 CMOS 电路各用一套电源，则应先接通 CMOS 电源，再接通信号源的电源；关机时，应先切断信号源电源，再关掉 CMOS 电源。

9. 如何防止感应电动势击穿 CMOS 集成电路？

CMOS 电路的栅极与基极之间有一层厚度仅为 $0.1 \sim 0.2\mu m$ 的二氧化硅绝缘层。由于 CMOS 电路的输入阻抗高，而输入电容又很小，所以只要在栅极上积有少量电荷，便可形成高压，将栅极击穿，造成永久性损坏。因人体能感应出几十伏的交流电压，衣服在摩擦时也会产生数千伏的静电，故尽量不要用手或身体接触 CMOS 电路的引脚。长期不用时，最好用锡纸将全部引脚短路后包好。塑料袋易产生静电，不宜用来包装集成电路。

10. CMOS 电路使用注意事项有哪些？

1）CMOS 电路电源电压为 $3 \sim 18V$。输入电压不允许超过电源电压范围 0.3V 以上，或者说输入端电流不得超过 ±10mA。

2）CMOS 集成电路的输入阻抗很高。

3）焊接的时候，一般用 20W 内热式，并且接地良好的电烙铁焊接。

4）存放 CMOS 集成电路时要屏蔽，一般应放在金属容器中。

11. TTL 电路使用注意事项有哪些？

1）TTL 电路的电源电压规定值为 5V，最大值不能超过 5.5V。

2）在电源接通时，不要插拔集成电路。

3）输出端不允许直接接电源或地，除三态和集电极开路的电路外，输出端不允许并联使用。

4）TTL 电路的功耗较低。对于 TTL 来说，一般的最高输出低电平是 400mV，最高输入低电平是 800mV，所以低电平噪声裕量是 400mV；最低输出高电平是 2.4V，最低输入高电平是 2.0V，裕量也是 400mV。实际上的 TTL 电路输出高电平都是 3.5V 左右，最低也是 2.8V。

5）电路中多余不用的输入端不能悬空。

12. 如何看懂集成电路引脚的功能？

在电路图中，根据原设计者的要求，集成电路每个引脚都有自己的用途和名称。根据各个引脚的设计思想，在各脚附近都标注有英文字母或缩写。专业人员或维修人员根据图纸上标注的英文，即可知道该脚的性质和功能。但是各个生产厂商对同一种性质和功能的引脚可能使用不同的缩写；多数国家的生产厂商使用相同或相近的缩写。如果我们对这些缩写表示法十分熟悉，那么将给看懂集成电路图带来极大的方便，如果不熟悉这些缩写，则将给看图造成许多困难。

了解集成电路各引脚作用有三种方法，一是查阅有关资料；二是根据集成电路的内电路框图进行分析；三是根据集成电路的应用电路中各引脚的外电路特征进行分析。对于第三种方法要求有比较好的电路分析基础。

13. 运算放大集成电路可能出现哪些异常现象?

(1) 不能调零

将输入端对地短路,调节外接调零电位器,输出电压无法为零。若无反馈电阻 R_f,则电路的电压放大倍数很大,微小的失调电压经放大后,输出电压可能接近正电源或负电源,属于正常现象;若电路已接入合适的反馈电阻,还出现不能调零的问题,则其原因可能是接线错误、电路虚焊或运放损坏。

(2) 堵塞或自锁

运算放大器突然不工作及输出电压接近正、负电源两个极限值的原因是输入信号过强或受强干扰信号的影响,使运放内部某些放大管进入饱和状态。解决办法是切断电源后再重新通电,或将运放的两个输入端短路,这样电路就能恢复到正常工作状态。

(3) 自激

没有输入信号,但有自激产生的振荡信号输出,产生的原因可能是运放的电源滤波不良或输出端有容性负载。解决办法是加强对正负电源的滤波,调整电路板的布线结构,避免电路接线过长。

4.2.2 集成稳压器应用难点易错点

1. 如何选用三端集成稳压器?

选用三端集成稳压器时,首先要考虑输出电压是否需要调整,若不需要调整输出电压,则可选用输出固定电压的稳压器;若需要调整输出电压,则应选用可调式稳压器。然后,进行参数的选择,其中最重要的参数就是需要输出的最大电流值,从而可以确定出集成电路的型号。最后,再检查一下所选稳压器的其他参数能否满足使用的要求。

2. 使用集成稳压器应特别注意哪些事项?

1) 在使用集成稳压器时,应注意防止输入端对地短路,防止输入端和输出端反接,防止输入端滤波电路断路,防止输出端与其他高电压电路连接,防止稳压器接地端开路等问题,以避免损坏稳压器。

2) 三端稳压器是一个功率器件,应采取适当的散热措施,保证集成稳压器能够在额定输出电流下正常工作。

3. 固定输出三端集成稳压器对它的输入电压 U_i 有何要求?

为了保证三端集成稳压器能够正常工作,要求输入电压 U_i 与输出电压 U_o 的差值应大于 3V。

压差太小会使稳压器性能变差,甚至不起稳压作用;压差太大又会增加稳压器自身消耗的功率,并使最大输出电流减小。生产厂商对每种型号的稳压器都规定了最大输入电压值,一般取 $U_i - U_o$ 为 $3 \sim 7V$。

4. 三端集成稳压器如何并联扩流?

三端集成稳压器可以用两个或多个并联来增大输出电流,但并不是将它们并联起来就可以解决问题了,它们还存在一个称为"环流"的问题。因为在生产过程中三端稳压器之间有微小差异,指标参数也有允许范围内的误差等,当它们并联时就会产生环流,解决这个问题的办法是在每个输出端串联一个 0.5Ω(功率根据具体电路要求而定)的"均流电阻"之后再并联,总输出端接一个 $100k\Omega$ 左右的轻负载电阻就能够解决问题。经实验,基本可以达到理想效果，电路如图 4-42 所示。

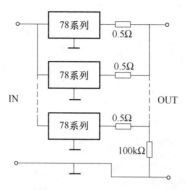

图 4-42 消除环流的措施

模块 3 动手操作见真章

4.3.1 直插式集成电路的拆卸

在检修电路时，经常需要从印制电路板上拆卸集成电路，由于集成电路引脚多，拆卸起来比较困难，故拆卸不当可能会损害集成电路及电路板。下面介绍几种常用的拆卸集成电路的方法。

1. 用注射器针头拆卸集成电路

在拆卸集成电路时，可借助如图 4-43a 所示不锈钢空心套管或 8～12 号注射器针头（电子市场有售）来拆卸，使用时以针头的内经正好套住集成块引脚为宜。拆卸方法如图 4-43b 所示，用烙铁头接触集成电路某一引脚的焊点，当该引脚焊点的焊锡熔化后，将大小合适的注射器针头套在该引脚上并旋转，使集成电路的引脚与印制电路板焊锡铜箔脱离，然后将烙铁头移开，稍后再拔出注射器针头，这样集成电路的一个引脚就与印制电路板铜箔脱离开来，再用同样的方法将集成电路的其他引脚与电路板铜箔脱离，最后就能将该集成电路从电路板上拔下来。

2. 用吸锡器拆卸集成电路

吸锡器是一种利用手动或电动方式产生吸力，将焊锡吸离电路板铜箔的维修工具。使用吸锡器拆卸集成电路是一种常用的专业方法。

吸锡器一般有三种，一是本身无加热装置，靠电烙铁将焊锡熔化后，利用吸锡器产生的负压将熔化的焊锡从每个引脚吸走；二是一体化吸锡电烙铁，它本身就有热源，使用更为方便；三是具有烙铁头加热的自动吸锡器，但设备成本较高。修理部一般常用第一种和第二种吸锡器。使用电烙铁与吸锡器配合拆卸集成电路如图 4-44 所示。

1）将吸锡器活塞向下压至卡住；

2）用电烙铁加热焊点至焊料熔化；

3）移开电烙铁，同时迅速将吸锡器吸嘴贴上焊点，并按下吸锡器按钮，使活塞弹起产生的吸力将焊锡吸入吸锡器；

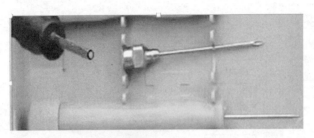

a) 空心套管和针头

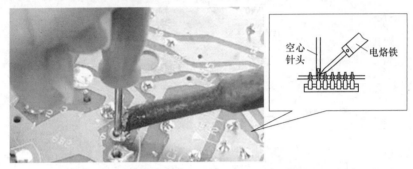

b) 拆卸集成电路

图 4-43　使用电烙铁与针头配合拆卸集成电路

4）如果一次吸不干净，则可重复操作多次。

通过上述步骤，当全部引脚上的焊锡吸完后，集成电路自然就可以轻松取下来了。

3. 用毛刷配合电烙铁拆卸集成电路

这种拆卸方法比较简单，拆卸时只需一把电烙铁和一把小毛刷即可。在使用该方法拆卸集成电路时，先用电烙铁

图 4-44　电烙铁与吸锡器配合拆卸集成电路

加热集成电路引脚处的焊锡，待引脚上的焊锡融化后，马上用毛刷将熔化的焊锡扫掉，再用这种方法清除其他引脚的焊锡，当所有引脚焊锡被清除后，用镊子或小型一字螺钉旋具撬下集成电路。

4. 用多股铜丝吸锡拆卸集成电路

如图 4-45 所示，取一段铜编织软线，涂上松香焊剂，然后放在需要拆焊的焊点上，再将电烙铁放在铜编织线上加热焊点，待焊点上的焊锡熔化后，就会被铜编织线吸去，如焊点上的焊料没有被一次吸完，则可进行第二次、第三次、……直至吸完。当编织线吸满焊料后，就不能再用，需要将已吸满焊料的部分剪去。

重复操作几次，就可将集成电路引脚上的焊锡全部吸走，然后用镊子或小型一字螺钉旋具轻轻将集成电路撬下。

5. 增加引脚焊锡融化拆卸

这种拆卸方法无需借助其他工具材料，特别适合用于拆卸单列或双列且引脚数量不是很

多的集成电路。

在拆卸时，先在集成块电路一列引脚上增加一些焊锡，使焊锡将该列引脚的所有焊点连接起来，然后用电烙铁加热该列的中间引脚，并向两端移动，利用焊锡的热传导将该列所有引脚上的焊锡融化，再用镊子或小型一字螺钉旋具偏向该列位置轻轻将集成电路往上撬一点，再用同样的方法对另一列引脚加热、撬动，对两列引脚轮换加热，直到拆下为止。一般情况下，每列引脚加热两次即可拆下。

图 4-45　铜编织软线

6. 用热风拆焊台或热风枪拆卸集成电路

热风拆焊台的外形如图 4-46 所示，其喷头可以喷出温度高达几百℃的热风，利用热风将集成电路各引脚上的焊锡熔化，然后就可以拆下集成电路。

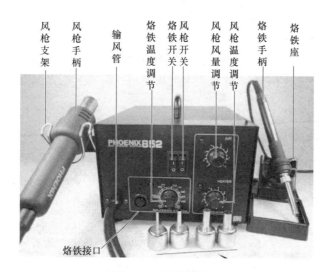

图 4-46　热风拆焊台

在拆卸时要注意，用单喷头拆卸时，应使喷头和所拆的集成电路保持垂直，并沿集成电路周围引脚移动喷头，对各引脚焊锡均匀加热，喷头不要触及集成电路及周围的外围元器件，吹焊的位置要准确，尽量不要吹到集成电路周围的元器件。

4.3.2　贴片式集成电路的拆卸与焊接

1. 利用热风枪拆卸贴片式集成电路

贴片式集成电路的引脚多且排列紧密，有的四面都有引脚，在拆卸时若方法不当，轻则无法拆下，重则会损坏集成电路引脚和电路板上的铜箔。贴片式集成电路通常使用热风拆焊台或热风枪拆卸。

利用热风枪拆卸贴片式集成电路的操作过程如下：

1）在拆卸前，仔细观察待拆集成电路在电路板上的位置和方向，并做好标记，以便焊接时按对应标记安装集成电路，避免安装出错。

2）用小刷子将贴片式集成电路周围的杂质清理干净，再在贴片式集成电路引脚上涂少许松香粉末或松香水。

3）调好热风枪的温度和风速，温度开关一般调至 3~5 档，风速开关调至 2~3 档。

4）用单喷头拆卸时，注意应使喷头和所拆集成电路保持垂直，并沿集成电路周围引脚移动，对各引脚均匀加热，喷头不可触及集成电路及周围的外围元器件，吹焊的位置要准确，且不可吹到集成电路周围的元器件。

5）待集成电路各引脚的焊锡全部熔化后，用镊子将集成电路掀起或夹走，且不可用力，否则极易损坏与集成电路连接的铜箔。

2. 堆锡法拆卸贴片式集成电路

先在集成电路某列引脚上涂少许松香，并用焊锡将该列引脚全部连接起来，然后用电烙铁对焊锡加热，待该列引脚上的焊锡熔化后，用薄刀片（如剃须刀片）从电路板和引脚之间推进去，移开电烙铁等待几秒后拿出刀片，这样集成电路该列引脚就与电路板脱离了，再用同样的方法将集成电路其他引脚与电路板分离开，最后就能取下整个集成电路。

3. 吸锡铜网法拆卸贴片式集成电路

吸锡铜网是用细铜丝编织成网状带，可用电缆线的金属屏蔽线或多股软线代替。使用时将网线覆盖在多引脚上，涂上松香酒精焊剂。用烙铁加热，并拽动网带，各脚上的焊锡即被网带吸附。剪去已附焊锡的网带，重复几次加热吸锡，引脚上的焊锡会逐渐减少，最后集成电路引脚与印制板分离。

4.3.3 贴片式集成电路手工焊接

1. 密引脚贴片式集成电路的焊接

1）将电路板上的焊点用电烙铁整理平整，如有必要，可对焊锡较少的焊点进行补锡，然后用酒精清洁干净焊点周围的杂质。用镊子夹住芯片，将引脚对准焊盘，如图 4-47 所示。

2）将待焊接的集成电路与电路板上的焊接位置对好，用右手拇指按住芯片，如图 4-48 所示。在进行下一步之前，一定要确认芯片已经对准焊盘，否则会很麻烦。

图 4-47 将芯片引脚对准焊盘

图 4-48 拇指按住芯片

3）用镊子夹取一小块松香放在芯片引脚的旁边，如图 4-49 所示。注意这里使用的是松香，而不是稠的助焊剂（这种助焊剂无法固定住芯片）。

4）用烙铁将松香均匀地融化在焊盘上，如图 4-50 所示。松香在这里有两个作用，一是用来将芯片固定在 PCB 板上，另一个作用就是助焊。熔化松香时要尽可能地将松香融化开，均匀地分布在一排焊盘上。然后同样用松香固定住另外一侧的引脚。

图 4-49　芯片引脚旁放一小块松香

图 4-50　用烙铁将松香融化在焊盘上

　　5）剪一小截焊锡放在左边的焊盘上（如果是左手使用烙铁，则放在右边，本例均以右手使用烙铁为例），图 4-51 中的焊锡直径为 0.5mm，其实直径大小无所谓，重要的是选多少量。建议先少放一些，如果不够再加焊锡。如果放多了，则可以使用吸锡带将多余的焊锡吸出来。

　　6）用烙铁将焊锡熔化开，将烙铁沿着引脚与焊盘的接触点向右拖动，一直拖到最右边的那个引脚，如图 4-52 所示。

　　7）一边的引脚焊接后，再用相同的方法焊接另一边的引脚。

图 4-51　放一段焊锡

图 4-52　拖动焊锡进行焊接

　　📝【经验分享】

　　上述方法适用于引脚间距小于等于 0.5mm 的贴片式集成电路的焊接。

2. 稀引脚贴片式集成电路的焊接

1）将电路板上的焊点用电烙铁整理平整，如有必要，可对焊锡较少的焊点进行补锡，如图 4-53 所示。

2）将待焊接的集成电路与电路板上的焊接位置对好，再用电烙铁焊好集成电路对角线的四个引脚，将集成电路固定，如图 4-54 所示。

图 4-53　整理焊盘

图 4-54　固定对角线的引脚

3）在引脚上涂少许松香水或撒些松香粉末。在烙铁头上沾少量焊锡，在一列引脚上拖动，焊锡会将各引脚与电路板焊点粘好，如图 4-55 所示。如果集成电路的某些引脚被焊锡连接短路，则可先用多股铜线将多余的焊锡吸走，再在该处涂上松香水，用电烙铁在该处加热，引脚之间的剩余焊锡会自动断开，回到引脚上。

如果用热风枪焊接，则可用热风枪吹焊集成电路四周引脚，待电路板焊点上的焊锡熔化后，移开热风枪，引脚就与电路板焊点粘在一起。

图 4-55　逐个引脚进行焊接

4）焊接完成后，检查集成电路各引脚之间有无短路或漏焊，检查时可借助放大镜或万用表检测，若有漏焊，则应用尖头烙铁进行补焊，最后用无水酒精将集成电路周围的松香清理干净。

模块 4　复习巩固再提高

4.4.1　温故知新

集成电路也称为芯片，是一种微型电子器件，它在电路中用字母"IC"表示。

集成电路按制造工艺可分为半导体集成电路、薄膜集成电路和由二者组合而成的混合集成电路；按功能可分为模拟集成电路和数字集成电路；按集成度可分为小规模集成电路、中规模集成电路、大规模集成电路以及超大规模集成电路；按外形可分为圆形、扁平形和双列直插型。

国产集成电路的型号由五部分组成。

集成电路的封装形式很多，常见的有 DIP 封装和贴片式封装两大类。SMT 贴片式封装常用的有 SO 封装、QFP 封装、PLCC 封装、LCCC 封装、PQFN 封装、BGA 封装等形式。

DIP 封装集成电路引脚的排列有圆周分布、双列分布、单列分布等三种形式。识别集成电路引脚的关键是看标记确定 1 脚。

集成稳压器又称稳压电源，有多端可调式、三端可调式、三端固定式及单片开关式集成稳压器，最常用的是三端集成稳压器。

用万用表检测集成电路好坏常用的方法有在路测量和不在路测量集成电路。

利用万用表检测集成电路好坏的根据是集成电路的任一只引脚与其接地引脚之间的阻值不应为零或无穷大（空脚除外）；多数情况下应具有不对称的电阻值，即正、反向（或称黑表笔接地、红表笔接地）电阻值不相等，有时差别小一些，有时差别相当悬殊。如果某一只引脚与接地引脚之间的电阻值变为 0 或 ∞，或者其正、反向电阻变为相同或差别规律相反，则说明该引脚与接地引脚之间存在短路、开路、击穿等故障。显然，这样的集成电路已损坏或者性能已变差。

4.4.2　思考与提高

1. 填空题

（1）集成电路是一种_____电子器件或部件。

（2）目前已经成熟的集成逻辑技术主要有三种，即_____逻辑、_____逻辑和_____逻辑。

（3）识别双列直插式集成电路引脚时，若引脚向下，其型号、商标向上，定位标记在左边，则从_____第一只引脚开始，按逆时针方向，依次为 1，2，3…

（4）识别双列直插式集成电路引脚时，若引脚向上，其型号、商标向下，定位标记在左边，则从_____第一只引脚开始，按顺时针方向，依次为 1，2，3…

（5）识别单列直插式集成电路引脚时，应使引脚向下，面对型号或定位标记，自_____对应一侧的第一根引脚数起，依次为 1，2，3…

（6）集成电路上常用的定位标记为_____、_____、小孔、线条、色带、缺角等。

（7）为防止检测 MOS 型数字电路时静电高压将其损坏，应尽量避免其输入端悬空，手腕上最好套一个接大地的_____箍。

2. 图 4-56 所示电路是利用集成稳压器外接稳压管的方法来提高输出电压的稳压电路。若稳压管的稳定电压 $U_Z = 3V$，那么试问该电路的输出电压 U_o 是多少？

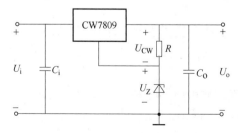

图 4-56　练习题 2 图

第5章
其他常用元器件的识别与应用

随着科学技术的发展，电子元器件的种类越来越多，功能也越来越强，并且新开发的产品层出不穷，为电子产品的生产制作带来了方便。本章将重点介绍电声器件、机电元件、保险元件等常用元器件。

模块1　基本学习不可少

5.1.1　电声器件识别与应用

1. 电声器件识别

电声器件是一种声电互相转换的换能器件，它是利用电磁感应、静电感应或压电效应等来完成电声转换的。

常用的电声器件主要有驻极体传声器、扬声器、蜂鸣器、耳机等，如图5-1所示。

（1）广播电声器件

广播电声器件具有频率范围宽（20Hz～20kHz）、动态范围大、高音质、高保真、失真小等特点。通信电声器件主要用于语音通信，频带较窄（300～3400Hz），强调语音的清晰度和可懂度。

将电能转换为声能并与人耳直接耦合的电声换能器称为受话器（又称为通信用耳机）。动圈式受话器的基本结构如图5-2所示，双功能电声器件（受话器和扬声器）的基本结构如图5-3所示。

（2）扬声器

扬声器俗称喇叭，是将电能变换为声能，并将声能辐射到室内或开阔空间的电声换能器，使用非常普遍，在发声的电子电气设备中都能见到它。扬声器的种类很多，见表5-1，但其基本原理都是相同的。

如图5-4所示，扬声器一般由磁回路系统［磁体、T铁、华司（又称导磁板）］、振动系统（纸盆、音圈）和支撑辅助系统（定心支片、盆架）等三大部分构成，各组成部分的作用见表5-2。

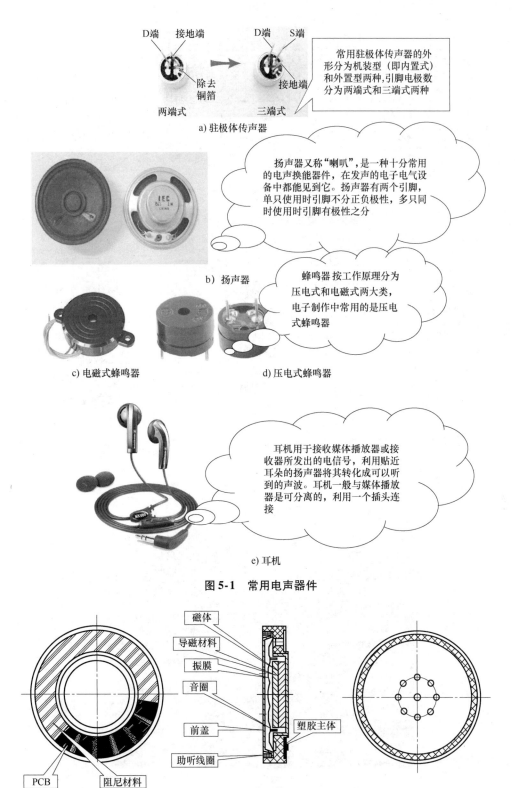

D端　接地端　　D端　S端

除去铜箔　　接地端

两端式　　　三端式

常用驻极体传声器的外形分为机装型（即内置式）和外置型两种，引脚电极数分为两端式和三端式两种

a) 驻极体传声器

扬声器又称"喇叭"，是一种十分常用的电声换能器件，在发声的电子电气设备中都能见到它。扬声器有两个引脚，单只使用时引脚不分正负极性，多只同时使用时引脚有极性之分

b) 扬声器

蜂鸣器按工作原理分为压电式和电磁式两大类，电子制作中常用的是压电式蜂鸣器

c) 电磁式蜂鸣器　　　d) 压电式蜂鸣器

耳机用于接收媒体播放器或接收器所发出的电信号，利用贴近耳朵的扬声器将其转化成可以听到的声波。耳机一般与媒体播放器是可分离的，利用一个插头连接

e) 耳机

图 5-1　常用电声器件

磁体

导磁材料

振膜

音圈

前盖

助听线圈

塑胶主体

PCB　　阻尼材料

a) 内磁式

图 5-2　动圈式受话器的基本结构

161

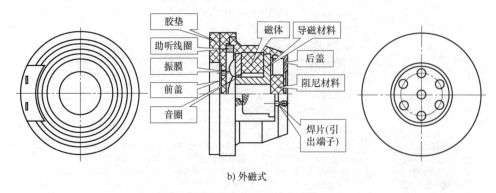

b) 外磁式

图5-2 动圈式受话器的基本结构（续）

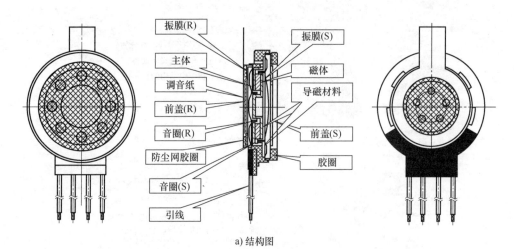

a) 结构图

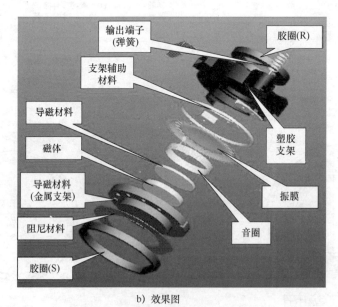

b) 效果图

图5-3 双功能电声器件的基本结构

表 5-1　扬声器的种类

序号	分类方法	种类
1	按能量方式	电动（动圈）扬声器、电磁扬声器、静电（电容）扬声器、压电（晶体）扬声器、放电（离子）扬声器
2	按辐射方式	纸盆（直接辐射式）扬声器、号筒（间接辐射式）扬声器
3	按振膜形式	纸盆扬声器、球顶形扬声器、带式扬声器、平板驱动式扬声器
4	按组成方式	单纸盆扬声器、组合纸盆扬声器、组合号筒扬声器、同轴复合扬声器
5	按用途	高保真（家庭用）扬声器、监听扬声器、扩音用扬声器、乐器用扬声器、接收机用小型扬声器、水中用扬声器
6	按外形	圆形扬声器、椭圆形扬声器、圆筒形扬声器、矩形扬声器

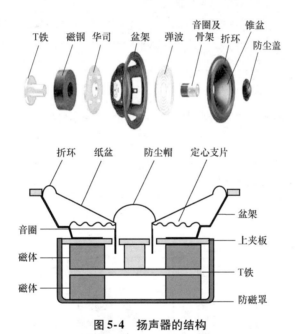

图 5-4　扬声器的结构

表 5-2　扬声器基本组成部分的作用

序号	结构	作用
1	音圈	锥形纸盆扬声器的驱动单元，它是用很细的铜导线分两层绕在纸管上的，一般绕有几十圈，又称线圈，放置于导磁心柱与导磁板构成的磁气隙中。音圈与纸盆固定在一起，当声音电流信号通入音圈后，音圈振动带动纸盆振动
2	纸盆	电动式扬声器当外加音频信号时，音圈推动纸盆振动，而纸盆则推动空气，产生声波。随着技术的发展，单纯的纸盆单元已经比较少见，更多的则是采用了复合材料的纸盆，一般有天然纤维和人造纤维两大类。天然纤维常采用棉、木材、羊毛、绢丝等，人造纤维则采用人造丝、尼龙、玻璃纤维等。由于纸盆是扬声器的声音辐射器件，在相当大的程度上决定着扬声器的放声性能，所以无论采用哪一种纸盆，都要求既要质轻又要刚性良好，不能因环境温度、湿度变化而变形

（续）

序号	结构	作用
3	折环	是为保证纸盆沿扬声器的轴向运动、限制横向运动而设置的，同时起到阻挡纸盆前后空气流通的作用。折环的材料除常用纸盆的材料外，还可以利用塑料、天然橡胶等，经过热压粘接在纸盆上
4	定心支片	用于支持音圈和纸盆的结合部位，保证其垂直而不歪斜。定心支片上有许多同心圆环，使音圈在磁隙中自由地上下移动而不作横向移动，保证音圈不与导磁板相碰。定心支片上的防尘罩是为了防止外部灰尘等落入磁隙，避免造成灰尘与音圈摩擦，而使扬声器产生异常声音
5	盆架	是扬声器的辅助系统、支持系统，它的作用是连接振动系统和磁路系统，其外圈还负责将扬声器固定在箱体上，并密封箱体
6	防尘帽	是扬声器振动系统中的一个小部件，它粘贴在纸盆的中心处，防止灰尘进入磁隙，影响高频性能
7	磁体	在扬声器磁气隙中产生一个具有一定磁感应强度的恒磁场
8	夹板、T铁、导磁板	为磁体所产生的磁场提供一个磁回路，并在夹板和T铁之间形成一个均匀的环形磁气隙

（3）驻极体传声器

驻极体传声器具有体积小、频率范围宽、高保真和成本低的特点，已在通信设备、家用电器等电子产品中广泛应用。

驻极体传声器的基本结构如图5-5所示，由一片单面涂有金属的驻极体隔膜与一个上面有若干小孔的金属电极（称为背电极）构成。驻极体与背电极相对，中间有一个极小的空气隙，形成一个以空气隙和驻极体作为绝缘介质，以背电极和驻极体上的金属层作为两个电极构成的一个平板电容器，电容器的两极之间有输出电极。

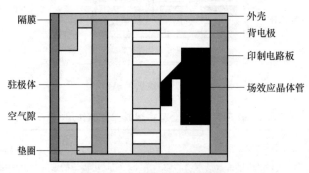

图5-5　驻极体传声器的结构

常用驻极体传声器的外形有直插式、焊脚式和引线式，如图5-6所示。

驻极体传声器的引脚识别方法很简单，无论是直插式、引线式或焊脚式，其底面一般均为印制电路板，如图5-7所示。对于印制电路板上有两部分敷铜的驻极体传声器，与金属外壳相通的敷铜为接地端，另一敷铜则为电源/信号输出端（有漏极D输出和源极S输出之分）。对于印制电路板上有三部分敷铜的驻极体传声器，除了与金属外壳相通的敷铜仍然为接地端外，其余两部分敷铜分别为S端和D端。有时引线式传声器的印制电路板被封装在外壳内部，无法看到（如国产CRZ2-9B型），这时可通过引线来识别，即屏蔽线为接地端，屏蔽线中间的两根芯线分别为 D 端（红色线）和 S 端（蓝色线）。如果只有一根芯线（如国产 CRZ2-9 型），则该引线为电源/信号输出端。

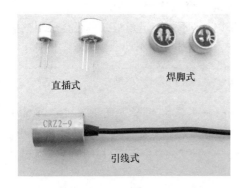

图 5-6　常用驻极体传声器的外形

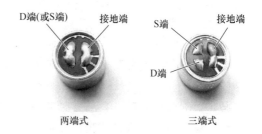

图 5-7　驻极体传声器的引脚识别

（4）蜂鸣器

蜂鸣器是一种一体化结构的电子讯响器，采用直流电压供电，广泛应用于各种电子产品中作为发声部件。常见蜂鸣器的外形如图 5-8 所示，蜂鸣器的分类见表 5-3。

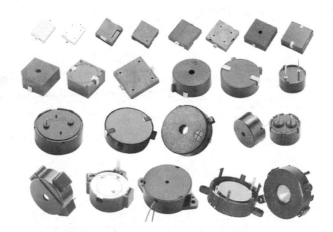

图 5-8　常见蜂鸣器的外形

表 5-3　蜂鸣器的种类

序号	分类方法	种　类	说　　明
1	按驱动原理	有源蜂鸣器、无源蜂鸣器	有源蜂鸣器内含驱动电路，无源蜂鸣器靠外部驱动
2	按构造方式	电磁式蜂鸣器、压电式蜂鸣器	压电式蜂鸣器是以压电陶瓷的压电效应来带动金属片的振动而发声的；电磁式蜂鸣器是利用电磁原理，通电时将金属膜振动发声的
3	按封装	插针式蜂鸣器、贴片式蜂鸣器	—
4	按电流	直流蜂鸣器、交流蜂鸣器	以直流蜂鸣器最为常见

电磁式蜂鸣器用 1.5V 电压就可以发出 85dB 以上的声压，但其消耗电流会远高于压电式蜂鸣器。压电式蜂鸣器需要比较高的电压才能有足够的声压，一般为9V以上。压电蜂鸣器有些规格的声压可以达到120dB以上，较大尺寸的也很容易达到100dB。

如果蜂鸣器是用作高声压报警的，则普通的两引脚电感还不能满足要求，一般会采用三抽头电感，一般为10倍的升压比，有些高声压（110dB以上）的可能要用小功率变压器实现升压。

【重要提醒】

蜂鸣器一般是高电阻，直流电阻无限大，交流阻抗也很大的窄带发声器件，通常由压电陶瓷片发声，需要较大的电压来驱动，但电流很小，几 mA 就可以了，功率也很小。

扬声器则是低电阻，直流电阻很小，交流阻抗一般为几 Ω～十几 Ω。宽频发声器件通常利用线圈的电磁力推动膜片发声。

2. 扬声器的检测

（1）估测扬声器的好坏

扬声器质量的好坏可以用万用表进行检测。检测时，万用表置于 R×1Ω 档，两表笔（不分正、负）断续触碰扬声器的两引出端，扬声器或耳机中应发出喀喀声，否则说明该扬声器已损坏，如图5-9所示。喀喀声越大越清脆越好。如喀喀声小或不清晰，则说明该扬声器质量较差。

（2）相位的判断

在多只扬声器组成的音箱中，为了保持各扬声器的相位一致，必须搞清楚扬声器的正、负端。扬声器相位判断方法如下：扬声器口朝上放置，万用表置于直流 50μA 档，两表笔分别接扬声器的两个引出端，用手轻轻向下压一下纸盆。在向下压的瞬间，如果指针向右偏转，则黑表笔所接为扬声器的 + 端，红表笔所接为扬声器的 − 端，如图5-10所示。

断续触碰

图 5-9　扬声器质量好坏的检测

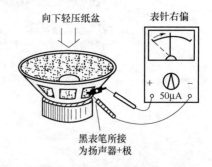

向下轻压纸盆　　表针右偏

黑表笔所接
为扬声器+极

图 5-10　扬声器相位的判断

【重要提醒】

扬声器是有正、负极性的，在多只扬声器并联时，应将各只扬声器的正极与正极连接，负极与负极连接，使各只扬声器同相位工作。

（3）估测扬声器的阻抗

一般在扬声器磁体的商标上标有额定阻抗值。若遇到标记不清或标记脱落的扬声器，则可以用万用表的电阻档来估测出阻抗值。

测量时，万用表应置于 R×1 档，用两表笔分别接扬声器的两端，测出扬声器音圈的直流电阻值，而扬声器的额定阻抗通常为音圈直流电阻值的 1.17 倍。8Ω 扬声器音圈的直流电阻值约为 6.5 ~ 7.2Ω。在已知扬声器标称阻值的情况下，也可以用测量扬声器直流电阻值的方法来判断音圈是否正常。

3. 传声器的检测

（1）动圈式传声器的检测

用万用表 R×100Ω 档测量传声器的阻抗是否符合要求。正常情况下，用万用表 R×1Ω 档断续测量音圈时，应有较大的喀喀声。

用万用表 0.05mA 电流档，两表笔分别接传声器输出插头的两端。然后对准传声器受话口轻轻讲话，若万用表的指针摆动，则说明该传声器正常。指针摆动幅度越大，传声器的灵敏度越高，性能越好。反之，则较差。

【经验分享】

以上方法只能对动圈式传声器音头性能做初步判断。对于用于不同场合的传声器，需经实测对比才能判断其优劣。

（2）驻极体传声器的检测

驻极体传声器分为三端式和两端式。三端式驻极体传声器的 G 端为接地端（面积较大，通常与外壳相连），D 端内接场效应管晶体的漏极，S 端内接场效应晶体管的源极。使用三端式驻体传声器之前，首先应判别出 D 极和 S 极。

将万用表置于 R×1kΩ 档，用两表笔测量三端式驻极体传声器接地 G 端之外两个电极的正、反向电阻值，在阻值较小的一次测量中，黑表笔接的是源极 S 端，红表笔接的是漏极 D 端。两端式驻极体传声器在内部已将 G 端与 S 端相连接，只有两个接点，可用万用表 R×1kΩ 档测量两接点之间的正、反向电阻值，识别方法同上，如图 5-11 所示。

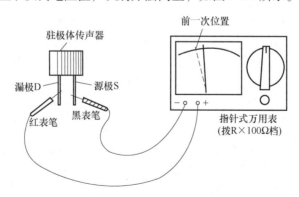

图 5-11　万用表检测驻极体传声器（一）

用万用表 R×100Ω 档或 R×1Ω 档，黑表笔接 D 端，红表笔接 S 端（三端式驻极体传声器可用红表笔将 G 端与 S 端短接起来），应测出 1kΩ 左右的电阻值，再对准传声器受话口吹气，如图 5-12 所示。若传声器正常，则万用表的指针应在 500Ω ~ 3kΩ 范围内摆动；若万用表指针不动，则说明该传声器已损坏；若指针摆动幅度较小，则说明该传声器的灵敏度较低。

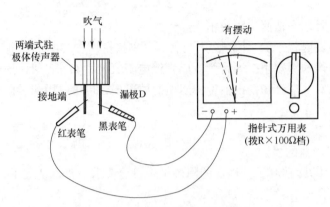

图5-12　万用表检测驻极体传声器（二）

【知识窗】

驻极体传声器的四种接法

　　驻极体传声器在接入电路时，共有四种不同的接线方式，其具体电路如图5-13所示。图5-13中的 R 既是传声器内部场效应晶体管的外接负载电阻，也是传声器的直流偏置电阻，它对传声器的工作状态和性能有较大影响。C 为传声器输出信号的耦合电容器。

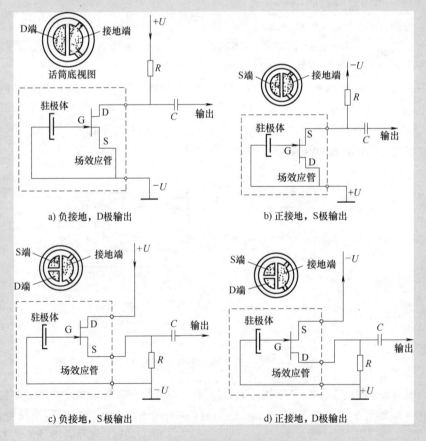

图5-13　驻极体传声器的四种接法

4. 耳机的检测

（1）双声道耳机的检测

双声道耳机有三个引出点，插头顶端为公共端，中间的两个接触点分别为左、右声道接触点。将万用表置于 R×1Ω 档，用任一表笔接耳机插头后端的接触点（公共点），另一表笔分别点触耳机插头上的另外两个接触点（分别为左、右声道引出端），如图 5-14 所示。
正常时，相应的左声道或右声道耳机会发出较清脆的喀喀声，万用表指针偏转，阻值为 300Ω 左右，且两声道耳机的阻值应对称。

若测量时耳机无声，万用表指针也不偏转，则说明相应的耳机有音圈开路或连接引线断裂、耳机内部脱焊等故障。若万用表指示阻值正常，但耳机发声较轻，则说明该耳机性能不良。

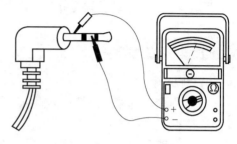

图 5-14　双声道耳机的检测

（2）单声道耳机的检测

单声道耳机有两个引出点，检测耳机时用万用表的 R×1Ω 档或 R×10Ω 档，将任一表笔接耳机插头的某一端，另一表笔去触碰耳机的另一端，正常的耳机应发出喀喀声，万用表指针也应随之偏转。若测量时耳机无声，万用表指针也不偏转，则说明该耳机有音圈开路或连接引出线断裂、耳机内部脱焊等故障。若万用表指示阻值正常，但耳机发声较轻，则说明该耳机性能不良。

5. 蜂鸣器的检测

（1）压电蜂鸣器的检测

1）将 6V 直流电源（也可用四节 1.5V 干电池串联）的正极和负极分别与压电蜂鸣器的正极和负极连接，正常的压电式蜂鸣器应发出悦耳的响声。若通电后蜂鸣器不发声，则说明其内部有元器件损坏或有线路断路，应对其内部的振荡器和压电蜂鸣器进行检查修理。

2）压电蜂鸣片可用指针式万用表的 1V 或 2.5V 直流电压挡来检测。测量时，右手持两表笔，黑表笔接压电陶瓷表面，红表笔接金属片表面（不锈钢片或黄铜片），左手的食指与拇指同时用力捏紧蜂鸣片，然后再放手，如图 5-15 所示。若所测的压电蜂鸣片正常，则此时万用表指针应向右摆动一下，然后回零。摆动幅度越大，说明压电蜂鸣片的灵敏度越高。若指针不动，则说明该压电蜂鸣片性能不良。

3）用数字万用表也可以检测压电蜂鸣器的好坏。将数字万用表置于电容 200nF 档，将压电蜂鸣器两引脚接入被测电容插孔 Cx，如图 5-16 所示，压电蜂鸣器应发出 400Hz 的音频声音，否则说明该压电蜂鸣器已损坏。

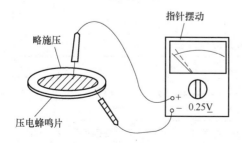

图 5-15　指针式万用表检测压电蜂鸣器

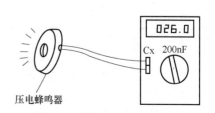

图 5-16　数字万用表检测压电蜂鸣器

（2）电磁式蜂鸣器的检测

对有源电磁式蜂鸣器，可为其加上合适的工作电压，正常的蜂鸣器会发出连续响亮的长鸣声或节奏分明的断续声。若蜂鸣器不响，则是蜂鸣器损坏或其驱动电路有故障。

无源的电磁式蜂鸣器可用万用表 R×10 档，将黑表笔接蜂鸣器的正极，用红表笔去点触蜂鸣器的负极。正常的蜂鸣器应发出较响的喀喀声，万用表指针也大幅向左摆动。若无声音，万用表指针也不动，则是蜂鸣器内部的电磁式线圈开路损坏。

【练一练】

1. 判断题

（1）传声器的输出阻抗有高阻抗和低阻抗之分。对低阻抗传声器，因电缆易感应交流声，所以连线不能太长。　　　　　　　　　　　　　　　　　　　　　（　　）

（2）扬声器的指向性与频率有关，频率越低，指向性越强。　　　　　　（　　）

2. 利用百度查一查，目前手机中使用的扬声器主要有哪些类型？

3. 下面是一段对扬声器叙述的短文，阅读后请指出有错的地方，并改正。

扬声器是将电信号转换成声信号的一种装置。图 5-17 所示为扬声器构造示意图，它主要由固定的永久磁体、线圈和锥形纸盆构成，当线圈中通过图中所示电流时，线圈受到磁铁的吸引向右运动；当线圈中通过相反方向的电流时，线圈受到磁铁的排斥向左运动。由于通过线圈的电流是交变电流，它的方向不断变化，因此线圈就会不断地来回振动，带动纸盆也来回振动，于是扬声器就发出了声音。

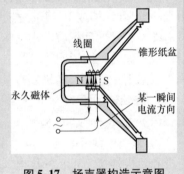

图 5-17　扬声器构造示意图

5.1.2　机电元件识别与应用

利用机械力或者电信号的作用，使电路产生接通、断开或者转接等功能的元件统称为机电元件。开关、连接器（也称接插件）、印制电路板（PCB）、杜邦线等都属于机电元件，在电子产品中有着广泛的使用，如图 5-18 所示。

1. 开关

开关是指通过操作可以使电路开路、使电流中断或使其流到其他电路的电子元件。开关的种类很多，见表 5-4。

表 5-4　开关的种类

序　号	分类方法	种　　类
1	按用途	波动开关、波段开关、录放开关、电源开关、预选开关、限位开关、控制开关、转换开关、隔离开关、行程开关、墙壁开关等
2	按结构	微动开关、船型开关、钮子开关、拨动开关、按钮开关、按键开关、薄膜开关、点开关等

（续）

序　号	分类方法	种　类
3	按接触类型	A 型触点、B 型触点、C 型触点
4	按开关数	单控开关、双控开关、多控开关
5	按驱动方式	手动、机械驱动、声控、光控、磁控、温控

开关的主要参数包括额定电压、额定电流、接触电阻、绝缘电阻、工作寿命等

a) 拨动开关　　　b) 轻触开关　　　c) 船形开关

连接器是电子产品中用于电气连接的一类机电元件，种类及型号很多

d) 端子接插件　　　　　　　e) 杜邦线

面包板

任意焊接元器件板

f) IC 插座　　　　　　　g) 印制电路板

h) 接口连接器　　　　i) 圆形连接器

图 5-18　常用机电元件

2. 连接器

连接器也叫接插件连接器，也可称为接插件、插头和插座，一般是指电器连接器。即连接两个有源器件的器件，传输电流或信号，主要用于电路与电路之间的连接。在工业生产中，线路连接可以说是无处不在，因而连接器的使用范围十分广泛，应用在各个行业中。

连接器具体分很多品类，如矩形连接器、圆形连接器、阶梯形连接器等。

3. 接插件

接插件是一种连接电子线路的定位接头，是由两部分构成的，即插件和接件，一般状态下是可以完全分离的。接插件用于线与板与箱之间的连接。

> **【经验分享】**
>
> 开关和接插件的相同之处在于通过其接触对接触状态的改变，实现其所连接电路的转换目的，其本质区别在于接插件只有插入和拔出两种状态。开关可以在其本体上实现电路的转换，而接插件不能够实现在本体上的转换，接插件的接触对存在固定的对应关系，因此，接插件也可以叫做连接器。

4. 接线端子

接线端子是用于实现电气连接的一种配件产品，工业上将其划分到连接器的范畴。接线端子是为了方便导线的连接而应用的，它其实就是一段封在绝缘塑料里面的金属片，两端都有孔，可以插入导线。

接线端子可以分为 WUK 接线端子系列、欧式接线端子系列、插拔式接线端子系列等。

5. 杜邦线

杜邦线是美国杜邦公司生产的有特殊效用的缝纫线。杜邦线可用于实验板的引脚扩展，增加实验项目等。它可以非常牢靠地与插针连接，无需焊接，从而快速进行电路实验。

杜邦线按照连接方式可分为公母线、孔孔线、双头针等类型。

6. 印制电路板

在绝缘基材上，按预定设计形成的印制元器件或印制电路或两者结合的导电图形以及一些与工艺或标识有关的无电气属性的要素构成了印制线路板。印刷电路板是重要的电子部件，是电子元器件的支撑体，是电子元器件电气连接的载体，采用电子印刷术制作。

印制电路板（PCB）组装技术从应用和发展角度来看，可分为通孔插装技术（THT）阶段 PCB、表面安装技术（SMT）阶段 PCB、芯片级封装（CSP）阶段 PCB 三个阶段。印制电路板的种类见表 5-5。

表 5-5　印制电路板的种类

序　号	分类方法	种　类
1	按导体图形层数	单面板、双面板、多层板
2	按基材的机械特性	钢性电路板、挠性电路板、钢性柔性结合电路板
3	按材质	有机材质（酚醛树脂、玻璃纤维、酚醛纸板）、无机材质（铝基材、钢基材、陶瓷基材等）

双层柔性电路板的结构如图 5-19 所示。常见的多层板一般为四层板或六层板，复杂的

多层板可达几十层。

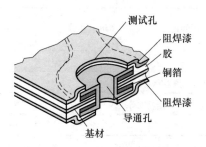

图 5-19　双层柔性电路板的结构

【练一练】

（1）用万用表检测开关、杜邦线的好坏。

提示：万用表置于 R×1 或者 R×1 档，测量其通断情况是否正常。

（2）连接器（插座）插件时，连接器底面与板面允许的最大间距为（　　）。

A．0.4mm　　　　　B．1mm　　　　　C．1.5mm　　　　　D．2mm

5.1.3　保险元件识别与应用

保险元件是一种保护电路设备和电器的元件，它串联或并联在被保护设备和电器的电路中，当电路和设备过载、过电压、过温时，保险元件将起到保护电器和电路的作用。

按照被保护物理量的不同，保险元件大致可分为过电流保护元件、过电压保护元件和过热保护元件 3 类。

1. 过电流保护元件

如图 5-20 所示，熔断器是电路中最简单也是最常用的过电流保护元件，它的核心部分是熔体。熔断器一般串联在被保护电器和电路的前面，当电路和设备过载或短路时，大电流就会将熔断器熔断，切断电源，从而起到保护电器的作用。

熔断管一般需要与熔断管座配合使用。熔断管座常用胶木、塑料、金属制成，有插入式和螺旋式两种结构，如图 5-21 所示。

识别色环熔断器的方法基本上与识别色环电阻的方法相同。第 1、2 道色环为有效数字，第 3 道色环为倍率，这三道色环表示的数值为 r（表示额定电流的大小），其单位为 mA。各种颜色的具体含义见表 5-6。

表 5-6　色环熔断器的识别

额定电流/mA	第 1 道色环颜色	第 2 道色环颜色	第 3 道色环颜色	
			颜色	倍率
25	红	绿	黑	10^0
100	棕	黑	棕	10^1
500	绿	黑	棕	10^1

（续）

额定电流/mA	第1道色环颜色	第2道色环颜色	第3道色环颜色	
			颜色	倍率
1000	棕	黑	红	10^2
2000	红	黑	红	10^2
5000	绿	黑	红	10^2
10000	棕	黑	橙	10^3

a) 普通熔断管

b) 延时熔断管

c) 陶瓷熔断管

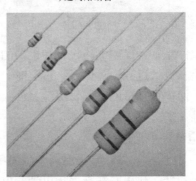

d) 色环熔断器

图 5-20　过电流保护元件

图 5-21　熔断管座

（1）可修复型保险元件

可修复型保险元件的工作原理是当电流达到限额时，低熔焊点熔化，弹簧迅速弹升后切断电路，从而起到保险作用。修复时只要再用低熔焊丝焊上即可。如果电阻体并联在一根短路线上，则成为可修复型保险元件。

（2）可恢复型保险元件

可恢复型保险元件又称为聚合开关，是一种高分子正温度系数热敏电阻（PTC）的过电流保护元件，如图 5-22 所示。其特点是在常温下阻抗极小，相当于保险元件接通，当过电流出现时，聚合开关的温度升高，使材料内部的分子晶体排列结构扩张并转换成非晶体态，导致聚合开关阻抗急剧上升。由于聚合开关和负载是串联关系，通过的电流被限制在一定程度上，从而起到了保护设备的作用。当故障排除后它又自动返回到低阻状态，成为可恢复型保险元件。将聚合开关、扬声器和电动机线圈串联，可以达到保护贵重负载的目的。如果扩音器和扬声器连接不匹配，则极易损坏昂贵的扬声器。例如，音箱及电动机等电路中常常会用到可恢复型保险元件。将聚合开关与扬声器串联，当驱动电压因故升高时，聚合开关阻抗将随之增大，使输出功率下降，从而保护了扬声器。

2. 过热保护元件

过热保护元件的典型代表是各种热继电器和具有正温度特性的 PTC 元件。

如图 5-23 所示，过热保护元件串联在电热器件电路中，当电器件温度过高时，电源由于过热保护元件受热熔化而被切断。过热保护元件通常安装在易发热的电子整机的变压器和功率管上，如安装在电吹风、电饭锅和电钻上。

图 5-22　可恢复型保险元件

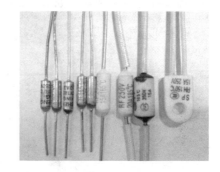

图 5-23　过热保护元件

比较常见的过热保护元件的耐热温度一般在 80～230℃，例如黑色代表 100℃，本色代表 110℃，红色代表 120℃，绿色代表 130℃，黄色代表 150℃。

此外，常用的过热保护元件还有温控开关（饮水机等使用）、双金属片温控器（电饭煲等使用）等，如图 5-24 所示。

a) 温控开关

b) 双金属片温控器

图 5-24　温控开关和双金属片温控器

3. 过电压保护元件

过电压保护元件的典型代表是各种压敏电阻和开关放电管,如图5-25所示。

4. 保险元件的选用

1) 根据具体电路选用保险元件。

2) 选择保险元件的参数,例如额定电流、额定电压、环境温度、反应速度等。

a) 压敏电阻   b) 开关放电管

图5-25 过电压保护元件

【重要提醒】

不能用铜丝、铁丝代替保险元件,因为铜丝、铁丝的电阻小、熔点高,在电流过大时不易熔断,无法起到保护电路的作用。

5. 保险元件的检测

保险元件的检测就是用万用表对保险元件的电阻进行测量。若测得保险元件的电阻为零,则该保险元件就是好的,如图5-26所示。

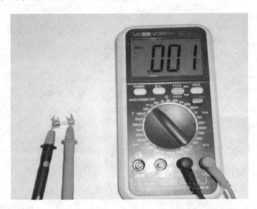

图5-26 保险元件的检测

【练一练】

1. 为什么要选择额定电流等于或稍大于电路正常工作电流最大值的熔丝?

2. 判断题

(1) 保险元件在电路中起到保护电器与局部电路的作用。   (   )

(2) 接有过电流保护元件的电路,当负载过大时,大电流就会熔断保险元件。(   )

(3) 保险管烧断时,可随意用铜丝取代保险管。   (   )

(4) 压敏电阻在电路中也可以起到过电压保护的作用。   (   )

(5) 正温度系数的热敏电阻可以做可恢复型保险元件使用。   (   )

5.1.4　继电器识别与应用

继电器是一种电控制器件，是当输入量（激励量）的变化达到规定要求时，在电气输出电路中使被控量发生预定的阶跃变化的一种电器。它具有控制系统（又称输入回路）和被控制系统（又称输出回路）之间的互动关系，通常应用于自动化的控制电路中。它实际上是用小电流控制大电流的一种自动开关，故在电路中起到自动调节、安全保护、转换电路等作用。常用继电器的实物外形如图 5-27 所示。

图 5-27　常用继电器的实物外形

1. 继电器的分类

（1）按继电器的工作原理或结构特征分类

1）电磁继电器。利用输入电路的内电路在电磁铁铁心与衔铁间产生的吸力作用而工作的一种电气继电器。

2）固体继电器。电子元件履行其功能而无机械运动构件，并且输入和输出隔离的一种继电器。

3）温度继电器。当外界温度达到给定值时而动作的继电器。

4）舌簧继电器。利用密封在管内，通过具有触电簧片和衔铁磁路双重作用的舌簧动作来开、关或转换线路的继电器。

5）时间继电器。当加上或除去输入信号时，输出部分需要延时或限时到规定时间才闭合或断开其被控线路的继电器。

6）高频继电器。用于切换高频、射频线路而具有最小损耗的继电器。

7）极化继电器。由极化磁场与控制电流通过控制线圈所产生的磁场综合作用而动作的继电器。继电器的动作方向取决于控制线圈中流过的电流方向。

8）其他类型的继电器。如光继电器、声继电器、热继电器、仪表式继电器、霍尔效应继电器、差动继电器等。

（2）按继电器的外形尺寸分类

可以分为微型继电器、超小型继电器和小型继电器。

【重要提醒】

对于密封或封闭式继电器，外形尺寸为继电器本体三个相互垂直方向的最大尺寸，不包括安装件、引出端、压筋、压边、翻边和密封焊点的尺寸。

（3）按继电器的负载分类

可以分为微功率继电器、弱功率继电器、中功率继电器和大功率继电器。

（4）按继电器的防护特征分类

可以分为密封继电器、封闭式继电器和敞开式继电器。

（5）按继电器的动作原理分类

可以分为电磁型、感应型、整流型、电子型、数字型等。

（6）按继电器反应的物理量分类

可以分为电流继电器、电压继电器、功率方向继电器、阻抗继电器、频率继电器和气体（瓦斯）继电器。

（7）按继电器在保护回路中所起的作用分类

可以分为启动继电器、量度继电器、时间继电器、中间继电器、信号继电器和出口继电器。

2. 继电器的符号

因为继电器是由线圈和触点组两部分组成的，所以继电器在电路图中的图形符号也包括两部分，即一个矩形框表示线圈，一组触点符号表示触点组。当触点不多、电路比较简单时，往往将触点组直接画在线圈框的一侧，这种画法叫集中表示法。常用继电器的电气符号见表5-7。

表5-7　常用继电器的电气符号

KV	FR	线圈	KA	
常开触点　常闭触点	热元件　常闭触点	线圈	常开触点	常闭触点
速度继电器	热继电器		中间继电器	
KU			KI	
线圈	常开触点	常闭触点	线圈	常开触点	常闭触点
电压继电器			电流继电器	

3. 继电器的触点

继电器的触点有三种基本形式。

（1）动合型（H型）。线圈不通电时两个触点是断开的，通电后两个触点闭合。以合字的拼音开头字母"H"表示。

（2）动断型（D型）。线圈不通电时两个触点是闭合的，通电后两个触点断开。用断字的拼音开头字母"D"表示。

（3）转换型（Z型）。这种触点组共有三个触点，即中间是动触点，上下各一个静触点。线圈不通电时，动触点与其中一个静触点断开并与另一个闭合，线圈通电后，动触点就移动，使原来断开的触点变成闭合，原来闭合的触点变成断开状态，达到转换的目的。这样的触点组称为转换触点。用"转"字的拼音开头字母"Z"表示。

4. 小型直流继电器及选用

在电子产品中，常用的继电器是小型直流继电器，如图5-28所示。此继电器的4脚和5脚是线圈，1脚和2脚是常闭触点，1脚和3脚是常开触点。当继电器的4脚和5脚通电，有电流流过时，线圈就会产生磁力，触点被吸下。此时1和3连通，1和2断开。

（1）主要技术参数

小型直流继电器的几个重要技术参数见表5-8，这是选用继电器时的重要参考依据。

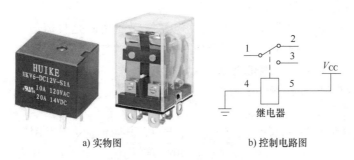

a) 实物图　　　　　　　　　b) 控制电路图

图 5-28　小型直流继电器

表 5-8　小型直流继电器的技术参数

序　号	技术参数	说　明
1	额定工作电压	继电器正常工作时线圈所需要的电压。根据继电器型号的不同，可以是交流电压，也可以是直流电压
2	直流电阻	继电器中线圈的直流电阻，可以通过万能表测量
3	吸合电流	继电器能够产生吸合动作的最小电流。在正常使用时，给定的电流必须略大于吸合电流，这样继电器才能稳定地工作。而对于线圈所加的工作电压，一般不应超过额定工作电压的 1.5 倍，否则会产生较大的电流烧毁线圈
4	释放电流	继电器产生释放动作的最大电流。当继电器吸合状态的电流减小到一定程度时，继电器就会恢复到未通电的释放状态，这时的电流远远小于吸合电流
5	触点切换电压和电流	继电器允许加载的电压和电流。它决定了继电器能控制电压和电流的大小，使用时不能超过此值，否则很容易损坏继电器的触点

（2）继电器的选用

选用继电器时，先要了解控制电路的电源电压，能提供的最大电流，被控电路需要几组、什么形式的触点等必要条件。查阅相关资料确定使用条件后，可根据相关资料找出需要的继电器的型号和规格号。若手头已有继电器，则可依据资料核对是否可以利用。最后考虑尺寸是否合适。对于小型电器，如玩具、遥控装置等应选用超小型继电器产品。

1）继电器额定工作电压的选择。继电器额定工作电压是继电器最主要的一项技术参数。在使用继电器时，应该首先考虑所在电路（即继电器线圈所在的电路）的工作电压，继电器的额定工作电压应大于所在电路的工作电压。一般所在电路的工作电压是继电器额定工作电压的 0.86 倍。注意所在电路的工作电压千万不能超过继电器的额定工作电压，否则继电器线圈容易烧毁。另外，有些集成电路，例如 NE555 是可以直接驱动继电器工作的，而有些集成电路，例如 COMS 电路的输出电流小，需要加一级晶体管放大电路即可驱动继电器，这时需要考虑晶体管输出电流应大于继电器的额定工作电流。

2）触点负载的选择。触点负载是指触点的承受能力，继电器的触点在转换时可承受一定的电压和电流。所以在使用继电器时，应考虑加在触点上的电压和通过触点的电流不能超过该继电器的触点负载能力。例如，有一个继电器的触点负载为 28V（DC）×10A，表明该继电器触点只能工作在直流电压为 28V 的电路上，触点电流为 10A，超过 28V 或 10A，都会影响继电器正常使用，甚至烧毁触点。

3）继电器线圈电源的选择。这是指继电器线圈使用的是直流电（DC）还是交流电（AC）。通常，初学者在进行电子制作活动中，都是采用电子电路，而电子电路往往采用直流电源供电，所以必须采用线圈是直流电压的继电器。

5. 小型直流继电器的检测

（1）测触点电阻

用万能表的电阻挡测量常闭触点与动触点电阻，其阻值应为0（用更加精确的方式可测得触点阻值在100mΩ以内）；而常开触点与动触点的阻值为无穷大。由此可以分别出常闭触点和常开触点。小型直流继电器的内部结构如图5-29所示。

（2）测线圈电阻

可用万能表 R×10Ω 档测量继电器线圈的阻值，从而判断该线圈是否存在开路现象。

（3）测量吸合电压和吸合电流

如图5-30所示，给继电器输入一组电压，并在供电回路中串入电流表进行监测。慢慢调高电源电压，听到继电器吸合声时，记下该吸合电压和吸合电流。为求准确，可以多试几次求平均值。

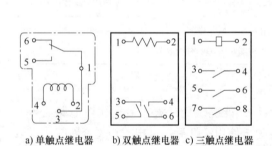

图 5-29　小型直流继电器的内部结构图

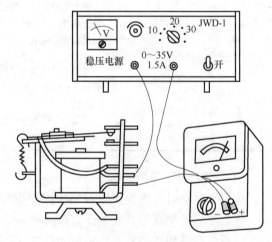

图 5-30　测量吸合电压和吸合电流

（4）测量释放电压和释放电流

也是像测量吸合电压和吸合电流那样连接测试，当继电器发生吸合后，再逐渐降低供电电压，当听到继电器再次发生释放声音时，记下此时的电压和电流，亦可多试几次求出平均的释放电压和释放电流。一般情况下，继电器的释放电压约为吸合电压的10%～50%，如果释放电压太小（小于1/10的吸合电压），则不能正常使用，这样会对电路的稳定性造成威胁，工作不可靠。

6. 其他类型继电器

（1）热敏干簧继电器

热敏干簧继电器是一种利用热敏磁性材料检测和控制温度的新型热敏开关，如图5-31所示。热敏干簧继电器不用线圈励磁，而由恒磁环产生的磁力驱动开关动作。恒磁环能否向干簧管提供磁力是由感温磁环的温控特性决定的。

（2）固态继电器

固态继电器（Solid State Relay SSR）是由微电子电路、分立电子器件、电力电子功率器件组成的无触点开关。用隔离器件实现了控制端与负载端的隔离。固态继电器的输入端用微小的控制信号达到直接驱动大电流负载的目的。

固态继电器由输入电路、隔离（耦合）和输出电路三部分组成。

如图 5-32 所示，固态继电器是一种两个接线端为输入端，另两个接线端为输出端的四端器件，中间采用隔离器件实现输入、输出的电隔离。

图 5-31　热敏干簧继电器

图 5-32　固态继电器

固态继电器按负载电源类型可分为交流型和直流型；按开关形式可分为常开型和常闭型；按隔离形式可分为混合型、变压器隔离型和光电隔离型，其中以光电隔离型为最多。

固态继电器是继电器产品的分支，使用半导体器件代替传统的线圈制作而成，不需要依靠机械零部件的运动来控制开关的打开与闭合，有效增加了可靠性和使用寿命。由于不再使用线圈，所以也不会遇到电磁干扰和接触火花等问题，在安全性方面也有了很大的提高。固态继电器功率较小，更加适用于高档产品，且符合国家节能环保的要求。

【练一练】

1. 填空题

（1）继电器是一种电励磁开关，具有开关特性，主要由电磁系统和_____两大部分组成。

（2）热敏干簧继电器是一种利用热敏磁性材料检测和控制温度的新型_____开关。

（3）继电器的触点有_____、_____、_____三种基本形式。

2. 电磁继电器在生产、生活中的应用非常广泛，它依据的物理原理是（　　）。

A. 电流的磁效应　　　　　　　　B. 磁场对电流的作用力

C. 电荷间的相互作用　　　　　　D. 磁极间的相互作用

3. 在电子制作时，如何选用小型直流继电器？

答案见本节内容。

5.1.5 传感器识别与应用

在高档卫生间洗手时，只要手伸到自动水龙头的出水口时，水就会流出来，手离开水龙头的出水口后，水立即就停止流出。这是为什么？原来是"聪明"的传感器在发挥作用。在生活中，传感器的用途有很多，例如，电冰箱的温度控制、空调器的温度控制、夜晚自动开关的路灯、电梯超员报警等都应用了传感器。目前传感器已经在诸如工业生产、宇宙开发、海洋探测、环境保护、资源调查、医学诊断、生物工程，甚至文物保护等极其之泛的领域中得到了大量应用。几乎每一个现代化项目都离不开各种各样的传感器。

1. 传感器的功能

传感器是一种检测装置，能感受到被测量的信息，并能将感受到的信息按一定规律变换成为电信号或其他所需形式的信号输出，以满足信息的传输、处理、存储、显示、记录和控制等要求。

传感器可用来检测温度、湿度、速度、亮度、声音、磁场等信息，可以说，人类的五官是天然的传感器，传感器是人类五官的延伸，人们将它称为"电五官"。我们可以将传感器的功能与人类五大感觉器官相比拟，如图 5-33 所示。

图 5-33　人体五官感觉与传感器

2. 传感器的基本组成

传感器一般由敏感元件、转换元件、变换电路和辅助电源四部分组成，如图 5-34 所示。

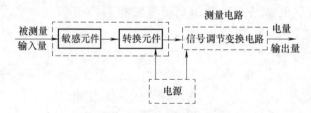

图 5-34　传感器的基本组成

敏感元件直接感受被测量，并输出与被测量有确定关系的物理量信号；转换元件将敏感元件输出的物理量信号转换为电信号；变换电路负责对转换元件输出的电信号进行放大调制；转换元件和变换电路一般还需要辅助电源供电。

3. 传感器的特点

传感器的特点包括微型化、数字化、智能化、多功能化、系统化、网络化等。它是实现自动检测和自动控制的首要环节。传感器的存在和发展让物体有了触觉、味觉和嗅觉等感官，让物体慢慢变得"活"了起来。

4. 传感器的种类

传感器的种类非常多，有关文献说传感器的种类有三万余种。可以从不同的角度对传感器进行分类，见表 5-9。

表 5-9　传感器的分类

序　　号	分类方法	种　　类
1	按感知功能	热敏传感器、光敏传感器、气敏传感器、力敏传感器、磁敏传感器、湿敏传感器、声敏传感器、放射线敏感传感器、色敏传感器、味敏传感器
2	按工作原理	位移传感器、压力传感器、速度传感器、温度传感器
3	按输出信号的性质	开关传感器、模拟传感器、数字传感器、膺数字传感器
4	按用途	压力敏和力敏传感器、位置传感器、液面传感器、能耗传感器、速度传感器、加速度传感器、射线辐射传感器、热敏传感器、24GHz 雷达传感器
5	按所用材料类别	金属传感器、聚合物传感器、陶瓷传感器、混合物传感器
6	按制造工艺	集成传感器、薄膜传感器、厚膜传感器、陶瓷传感器
7	按测量目	物理型传感器、化学型传感器、生物型传感器

（1）物理传感器应用的是物理效应，诸如压电效应、磁致伸缩现象、离化、极化、热电、光电、磁电等效应。被测信号量的微小变化都将转换成电信号。

（2）化学传感器包括以化学吸附、电化学反应等现象为因果关系的传感器，被测信号量的微小变化也将转换成电信号。

有些传感器既不能划分到物理类，也不能划分为化学类。大多数传感器是以物理原理为基础运作的。化学传感器技术问题较多，例如可靠性问题，规模生产的可能性、价格问题等，解决了这类难题，化学传感器的应用将会有巨大增长。

5. 常用传感器识别

（1）光电传感器

光电传感器一般由光源、光学通路和光电元件三部分组成。

光电传感器采用光电元件作为检测元件，利用被检测量对光束的遮挡或者反射，首先将被测量的变化转变为信号的变化，然后借助光电元件进一步将光信号转换成电信号，从而检测有无检测量。

光电检测方法具有精度高、反应快、非接触等优点，而且可测参数多、传感器的结构简单、形式灵活多样、体积小。

光电传感器可以分为反射式光电传感器、对射式光电传感器和光纤式光电传感器三种，如图 5-35 所示。

（2）接近式传感器

接近式传感器是一种当被测物接近时可以产生开关量输出的器件。常用的接近式传感器有电感式和电容式两种。此外，超声波式和漫射式接近传感器的应用也比较广泛，常用接近式传感器如图 5-36 所示。

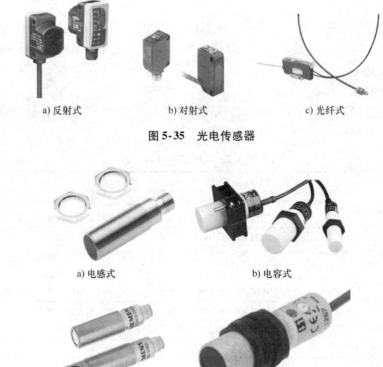

a) 反射式　　　　　　　b) 对射式　　　　　　　c) 光纤式

图 5-35　光电传感器

a) 电感式　　　　　　　　　　　b) 电容式

c) 超声波式　　　　　　　　　d) 漫射式

图 5-36　常用接近式传感器

电感式接近传感器可以很容易并有效地检测出任意金属类型的物体，但相应的传感距离要近一些。

如果使用电容式接近传感器，那么被检测物体的体积不能太小，要满足传感器最小检测物体体积的要求。

超声波和漫射式接近传感器可以检测的材料范围也很广，而且检测距离比较长。但是，在检测表面不平整的物体时可能会出现问题。

（3）磁感应传感器

磁感应传感器是一种能将磁信号转换成为电信号的器件或装置，它利用磁学量与其他物理量的关系，以磁场为媒介，可以将其他非电物理量转换为电信号。磁感应传感器的常见形式如图 5-37 所示。

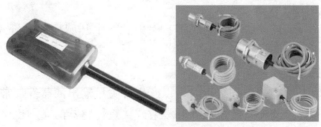

图 5-37　磁感应传感器

磁感应传感器的主要构成材料是干簧管。干簧管是一种磁敏的特殊开关，它通常有两个或三个既导磁又导电的材料做成的簧片触点，被封装在充有惰性气体（如氮、氩等）或真空的玻璃管里，玻璃管内平行封装的簧片端部重叠，并留有一定间隙或相互接触以构成开关的动断或动合接点。

磁感应传感器的种类很多，一般可分为物性型和结构型两种类型。物性型磁传感器，如霍尔器件、霍尔集成电路、磁敏二极管和晶体管、半导体磁敏电阻与传感器、强性金属磁敏器件与传感器等。

磁感应传感器可用于计数、限位等。

（4）温度传感器

温度传感器是工业中使用最广泛的传感器之一，常用于对液体、气体、固体或热辐射进行温度测量。

典型的温度传感器类型有热电阻、热电偶、半导体、双金属片、压力、玻璃液体（如体温计）、光学（红外）、辐射、比色温度计等。其中热电阻、热电偶、半导体、双金属片、压力、玻璃液体类型的温度传感器为接触被测物质的测量方法；光学、辐射、比色类型的温度传感器为非接触式温度传感器。

热电阻和热电偶温度传感器是工业上使用最多的温度传感器。

温度传感器因使用场合不同而千差万别，测量室温和空气温度的传感器可能就是在一个比导线还细的小金属珠（或小玻璃珠）上有两根引出线，而测量管道中的温度时，就必须要有防护外壳，以及便于拆卸维护的油杯等附件，所以有时很难根据外形来判断是否为温度传感器。

温度传感器能输出的标准信号有 0 ~ 10mA、4 ~ 20mA，0 ~ 5V，1 ~ 5V。

温度变送器的主要参数为测量范围、输出信号类型、信号精度、线性度、二线制还是四线制、防护方式及防爆与否等。

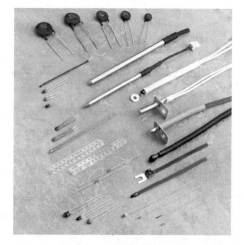

图 5-38　温度传感器

温度传感器如图 5-38 所示。

6. 传感器的选用

选择传感器时主要应考虑灵敏度、稳定性、精确度等几个方面的问题，见表 5-10。

表 5-10　传感器的选用

选用要素	说　明
灵敏度	一般说来，传感器灵敏度越高越好。因为灵敏度越高，就意味着传感器所能感知的变化量越小，即只要被测量有一个微小变化，传感器就会有较大的输出 传感器的灵敏度是有方向性的。当被测量是单向量，而且对其方向性要求较高的，应选择其他方向灵敏度较小的传感器；如果被测量是多维向量，则要求传感器的交叉灵敏度越小越好

(续)

选用要素	说　明
稳定性	影响传感器长期稳定性的因素除传感器本身结构外，主要是传感器的使用环境。因此，要使传感器具有良好的稳定性，传感器必须要有较强的环境适应能力 　　在选择传感器之前，应对其使用环境进行调查，并根据具体的使用环境选择合适的传感器，或采取适当的措施减小环境的影响 　　传感器的稳定性有定量指标，在超过使用期后，在使用前应重新进行标定，以确定传感器的性能是否发生变化 　　在某些要求传感器能长期使用且不能轻易更换或标定的场合，所选用的传感器稳定性要求更严格，要能够经受住长时间的考验
精度	精度是传感器的一个重要的性能指标，它是关系到整个测量系统测量精度的一个重要环节。传感器的精度越高，其价格越昂贵，因此，传感器的精度只要满足整个测量系统的精度要求就可以，不必选得过高。这样就可以在满足同一测量目的的诸多传感器中选择比较便宜和简单的传感器

　　除了以上选用传感器时应充分考虑的一些因素外，还应尽可能兼顾结构简单、体积小、重量轻、价格便宜、易于维修、易于更换等条件。

7. 传感器故障简单判别

　　传感器内部是一个惠斯顿电桥，因而可以根据电桥的一些特性来初步判断传感器的各类故障。

　　1）内部接线短裂：输入电阻无穷大或输出电阻无穷大。

　　2）零点过大：输入和输出之间电阻不相等。

　　3）内部击穿：电缆线和传感器本体间电阻小于$200M\Omega$。

　　4）多个传感器安装不水平：分别测量各传感器的输出信号，若差异较大则说明各传感器受力不均匀。

【练一练】

　　1. 填空题

　　（1）光电传感器的工作原理是基于物质的_____效应。

　　（2）传感器一般由敏感元件、_____、变换电路和辅助电源四部分组成。

　　（3）传感器的定义是能够感受规定的被测量并按照一定的规律转换成可用_____信号的器件或装置。

　　（4）灵敏度是描述传感器的_____对_____敏感程度的特性参数。

　　（5）传感器按输出量是模拟量还是数字量，可分为_____和_____。

　　2. 如何选用传感器？

5.1.6　石英晶体振荡器的识别与应用

1. 石英晶体振荡器的结构及特点

石英晶体振荡器是利用石英晶体（二氧化硅的结晶体）的压电效应制成的一种谐振器件，它的基本构成大致是从一块石英晶体上按一定方位角切下薄片（简称为晶片，它可以是正方形、矩形或圆形等），在它的两个对应面上涂敷银层作为电极，在每个电极上各焊接一根引线接到引脚上，再加上封装外壳就构成了石英晶体谐振器，简称为石英晶体或晶体、晶振。这种石英晶体薄片受到外加交变电场的作用时会产生机械振动，当交变电场的频率与石英晶体的固有频率相同时，振动会变得很强烈，这就是晶体谐振特性的反应。利用这种特性，就可以用石英谐振器取代 *LC*（线圈和电容）谐振回路、滤波器等。

石英晶体振荡器一般用金属外壳封装，也有用玻璃壳、陶瓷或塑料封装的晶体振荡器，如图 5-39 所示。

图 5-39　晶体振荡器

2. 石英晶体谐振器的用途

石英谐振器具有极高的频率稳定性，故主要用在要求频率十分稳定的振荡电路中作谐振器件。可取代 *LC* 谐振回路和滤波器，被广泛应用于彩电、计算机、遥控器等各类振荡电路中，也可以在通信系统中用于频率发生器，为数据处理设备产生时钟信号和为特定系统提供基准信号。

时钟脉冲用石英晶体谐振器，与其他元器件配合产生标准脉冲信号，用于数字电路中，为系统提供基本的时钟信号。通常一个系统共用一个晶振，便于各部分保持同步，有些通信系统的基频和射频使用不同的晶振，再通过电子调整频率的方法保持同步。

3. 石英晶体振荡器选用

石英晶体振荡器主要有非温度补偿式晶体振荡器、温度补偿晶体振荡器（TCXO）、电压控制晶体振荡器（VCXO）、恒温控制式晶体振荡器（OCXO）和数字化补偿式晶体振荡器（DCXO/MCXO）等几种类型。每种类型都有自己的独特性能。如果设备需要即开即用，则必须选用 VCXO 或 TCXO，如果要求稳定度在 0.5ppm 以上，则需选择 MCXO。模拟温补晶振适用于稳定度要求在 0.5～5ppm 之间的需求。VCXO 只适合于稳定度要求在 5ppm 以下的产品。在不需要即开即用的环境下，如果需要信号稳定度超过 0.1ppm 的，则可选用 OCXO。

晶振选型时一般都要留出一些余量，以保证产品的可靠性。选用较高档的晶振可以进一步降低失效概率。要使振荡器的整体性能趋于平衡、合理，就需要权衡诸如稳定度、工作温度范围、晶体老化效应、相位噪声、成本等多方面因素。

4. 晶振的检测

（1）测量电阻方法

用万用表 R×10kΩ 档测量石英晶体振荡器的正、反向电阻值，正常时应为无穷大，若测得石英晶体振荡器有一定的阻值或为零，则说明该石英晶体振荡器已漏电或击穿损坏。

晶振的常见故障有内部漏电、内部开路、变质频偏以及与其相连的外围电容漏电。从这些故障看，使用万用表的高电阻档和测试仪的 VI 曲线功能应该能检测出变质频偏和与其相连的外围电容漏电这两种故障，但这还将取决于它的损坏程度。

（2）动态测量方法

用示波器在电路工作时测量它的实际振荡频率是否符合该晶体的额定振荡频率，如果是，则说明该晶振正常，如果该晶振的额定振荡频率偏低、偏高或根本不起振，则表明该晶振已漏电或击穿损坏。

【经验分享】

当没有示波器或没有办法判断晶振好坏时，建议采用代换法来验证其好坏。

模块2 难点易错点解析

5.2.1 电声器件难点易错点

1. 扬声器和音箱不能混为一谈

扬声器与音箱（扬声器箱、扬声器系统）是两个不同的概念，有的人常常将它们混为一谈。音箱是由一个或者几个扬声器和相应的附件，如箱体、号角、分频网络等组成的。

扬声器是音箱的重要组成部分。一个音箱里包括高、低、中三种扬声器，但不一定只有三个扬声器。

2. 如何认清扬声器的功率参数？

扬声器上所标识的功率参数值是产品的重要指标之一。由于国内外扬声器的功率质量指标定义的不一致，容易造成同一产品规格上的混乱。

扬声器的功率参数包括特性功率、最大噪声功率（额定噪声功率）、最大正弦功率、长期功率、（额定长期功率）和短期功率等，这里各个功率的定义是不一样的。下面简要介绍几个功率参数的含义。

（1）标称功率

标称功率是用连续的正弦波有效值功率测定其失真值，以扬声器失真指标来确定，例如一个扬声器标称失真低于3%，则定为5W时失真为3%，那么这个扬声器的标称功率就是5W。

（2）特性功率

特性功率是指在100～8000Hz频率范围内，测量仪输入粉红噪声信号至扬声器系统，距离音源1m处会产生一个94dB的特性声压级，其值决定于扬声器的灵敏度。

（3）最大噪声功率（额定噪声功率）

扬声器系统在一定的额定频率范围内，规定用专门测试噪声信号加至扬声器 100Hz 进行试验（该噪声信号的频谱分布较为接近实际的节目信号），结果并没有过热和机械损伤，可以达到长期安全地工作，这样测试而得的功率称为额定噪声功率。这一功率与失真无关，所以往往比标称功率大 2~4 倍。国外的扬声器一般都标识这一功率，国产扬声器也逐渐使用这一功率含义定值。

（4）最大正弦功率

扬声器系统在一定频率范围内，馈给连续正弦功率进行试验，结果扬声器音圈振动且不应该产生打底声，也没有过热或机械损伤。由于该功率不受失真值的限制，所以该功率比标称功率要高。

（5）长期功率（额定长期最大功率）

扬声器系统在一定频率范围内，馈给专门规定噪声信号功率进行试验。扬声器承受此功率在 1min 内不会产生永久性机械损伤，每 2min 试验 1 次，重复 10 次。这项功率比额定噪声功率大许多。

（6）短期功率

在一定频率范围内，馈给扬声器系统专门规定的噪声信号功率进行测试，扬声器承受此项功率在 1s 内不会引起永久性的机械损伤，则此功率为短期功率。它在所有命名功率中值最大，可比标称功率大 8~10 倍。

（7）音乐功率

该功率主要取决于扬声器承受 250Hz 以下短期正弦信号频率的能力。扬声器承受此功率，通过实际试验，既无明显的失真，也无过热及机械损伤。音乐功率标值源于德国 DIN45500 标准，它是综合功率的实际值。

3. 耳机与耳塞的区分

耳机与耳塞的扬声器尺寸不同，佩戴方式也不一样。耳机可以是头戴式的也可以是挂耳式的，贴在耳朵上或整个罩住耳朵；耳塞则是塞在耳内。

一般来说，尺寸越大，声音质量越高，声音越从容、自然，而且耳机比耳塞佩戴更加舒适些，刺激性也小些。专业人士通常采用头戴式大型耳机。

4. 有源蜂鸣器与无源蜂鸣器的区分

这里的"源"不是指电源，而是指振荡源。也就是说，有源蜂鸣器内部带振荡源，所以只要一通电就会发声。而无源内部不带振荡源，如果用直流信号则无法令其鸣叫，必须要接在音频输出电路中才能发声。

（1）从外观上区别

如图 5-37 所示，两者的高度略有区别，有源蜂鸣器（见图 5-40a）的高度为 9mm；而无源蜂鸣器（见图 5-40b）的高度为 8mm。如将两种蜂鸣器的引脚都朝上放置时，可以看出有绿色电路板的是无源蜂鸣器，没有电路板而用黑胶封闭的是有源蜂鸣器。

（2）万用表测电阻区别

用万用表 R×1Ω 档，用黑表笔接蜂鸣器 + 引脚，红表笔在另一引脚上来回碰触，如果触发出咔咔声的且电阻只有 8Ω（或 16Ω）的是无源蜂鸣器；如果能发出持续声音且电阻在几百欧以上的，则是有源蜂鸣器。

a) 有源蜂鸣器

b) 无源蜂鸣器

图5-40 有源蜂鸣器与无源蜂鸣器

5. 使用传声器要注意哪些细节？

1）传声器与声源应保持10～20cm距离。距离过小，传声器的输出电压过高，传声器放大电路将产生失真。距离过大，传声器的输出电压过低，传声器放大电路将无信号。

2）传声器与声源的夹角应保持在45°以内，如果传声器与声源的夹角过大，则将会使高音的衰减增大。

3）传声器线应使用双芯屏蔽线。传声器线的长度不可过大，以免使输出电压有过大的衰减及窜入干扰信号。

4）传声器与扬声器的距离不要过近或与扬声器正面相对，以免引起正反馈而产生啸叫。

6. 两端式驻极体传声器如何改为三端式的驻极体传声器？

在电子制作或维修时，如果发现所用的三端式驻极体传声器已经损坏，而手头一时没有合适的替换品，则不妨用一个体积大小相同、灵敏度等主要参数相近的普通两端式驻极体传声器加工改造后代替。

其方法是用刻刀划断两端式驻极体传声器背面与金属外壳相连的焊脚敷铜箔，为金属外壳焊接上独立的引线，则原有的两个焊脚加上金属外壳（接地端），就构成了一个三端式驻极体传声器，如图5-41所示。

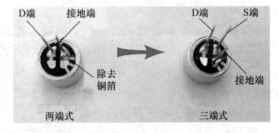

图5-41 两端式改三端式的方法

7. 灵敏度和灵敏度级有何区分？

灵敏度是规定输出信号与相应的输入信号的比值。

灵敏度级是该换能器的灵敏度与基准灵敏度之比，用分贝（dB）表示。

8. 如何理解扬声器的阻抗？

扬声器的阻抗是指扬声器的电阻值，包括额定阻抗和直流阻抗（单位为Ω）。直流阻抗是指在音圈线圈静止的情况下，通以直流信号而测试出的阻抗值，我们通常所说的4Ω或者8Ω是指额定阻抗。

扬声器额定阻抗是一个纯电阻的阻值，是被测扬声器在谐振频率后第一个阻抗的最小值。扬声器的额定阻抗由扬声器生产厂商给出，标注在产品商标或扬声器的下导磁板上。扬声器的额定阻抗也可以根据扬声器音圈的直流阻值估出，将万用表测出的扬声器音圈直流电阻乘以1.1～1.3倍即为该扬声器的额定阻抗。

9. 如何理解扬声器的指向性？

扬声器在不同方向上辐射声音的本领是不同的，表示这种性能的指标叫辐射指向性。指向性与频率有关，扬声器的辐射指向性随频率升高而增强，一般在 250～300Hz 时没有明显的指向性。

5.2.2　机电元件难点易错点

1. 接插件、连接器、接线端子有区别吗？

在电工、电气领域，接插件、连接器、接现端子是同一个产品。通俗地理解，接插件就是那种不用工具、公头、母头用手一插或一拧就可以快速连接的器件。主要用于电路与电路之间的连接。

连接器具体分为很多品类，如矩形连接器、圆形连接器、阶梯形连接器等，接线端子排是连接器的一种，一般属于矩形连接器。

接线端子，通俗地理解就是需要用如螺钉旋具、冷压钳等工具才能将两个器件连在一起的器件，一般用于线路中的信号输入、输出端。

连接器、接插件、接线端子三者是同属于一个概念的不同应用形式，是根据不同的实际情况来称呼的。

2. 为什么要使用连接器？

在电子产品中使用连接器的好处如下：

1）改善生产过程。连接器既简化了电子产品的装配过程，也简化了批量生产过程。

2）易于维修。如果某电子元器件失效，则装有连接器时可以快速更换失效元器件。

3）便于升级。随着技术进步，装有连接器时可以更新元器件，用新的、更完善的元器件代替旧的元器件。

4）提高设计的灵活性。

3. 如何识别印制电路板的层数？

我们通常说的印制电路板是指裸板，即没有上元器件的电路板。按照电路板层数可分为单面板、双面板、四层板、六层板以及其他多层电路板。下面介绍判断印制电路板层数的几种方法。

（1）目测法

印制电路板中的各层紧密结合，一般不太容易看出实际层数，不过如果仔细观察板卡断层，还是能够分辨出来的。印制电路板中间夹着一层或几层白色物质，其实这就是各层之间的绝缘层，用于保证不同印制电路板层之间不会出现短路的问题。目前的多层印制电路板都用更多单或双面的布线板，并在每层板间放进一层绝缘层后压合，印制电路板的层数就代表了有几层独立的布线层，而层与层之间的绝缘层就成为判断印制电路板层数最直观的方式。

（2）导孔和盲孔对光法

导孔对光法利用印制电路板上的导孔来识别印制电路板层数。其原理主要是由于多层印制电路板的电路连接都采用了导孔技术。想看出印制电路板有多少层，通过观察导孔就可以辩识。

在最基本的印制电路板（单面母板）上，零件都集中在其中一面，导线都集中在另一面。如果要使用多层板，那么就需要在板子上打孔，这样元器件引脚才能穿过板子到另一面。由于导孔会打穿印制电路板，因此我们看到零件的引脚是焊在另一面上的。

例如板卡使用的是四层板，那么就需要在第一层和第四层（信号层）走线，其他几层另有用途（地线层和电源层），将信号层放在电源层和接地层两侧的目的是这样既可以防止相互之间的干扰，又便于对信号线做出修正。如果有的板卡导孔在印制电路板正面出现，却在反面找不到，那么就一定是六/八层板了。如果印制电路板的正反面都能找到相同的导孔，则是四层板。

不过目前很多板卡厂商使用了另外一种走线方法，就是只连接其中一些电路，而在走线时采用了埋孔和盲孔技术。盲孔就是将几层内部印制电路板与表面印制电路板连接，不穿透整个电路板。埋孔则只连接内部的印制电路板，所以仅从表面是看不出来的。由于盲孔不需贯穿整个印制电路板，所以如果是六层或者以上，则将板卡迎着光源去看，光线是不会透过来的。因此之前也有一种非常流行的说法，即通过孔是否漏光来判断四层与六层或以上印制电路板。这种方法有其道理，也有不太适用的地方，只可以作为一种参考。

（3）积累法

确切地说，这不是一种方法，而是一种经验，不过这却是最准确的。我们可以通过多看一些印制电路板卡的走线和元器件的位置来判断印制电路板的层数。

4. 如何判断印制电路板质量的好坏？

首先从板面区分板材的用料，然后再从板的油墨颜色、敷铜、表面处理、气味上来比较。板材一般有如下几种：

1）普通的 HB 纸板，价格优惠、易形行、断裂，只能做单面板；元器件面颜色是深黄色，带有刺激性气味，敷铜粗糙、较薄。

2）单面 94V0、CEM-1 板，成本比纸板高一些，但又比半玻纤板便宜，元器件面颜色为淡黄色，主要用于有防火等级要求的工业板及电源板。

3）单面半玻板，成本稍高，比纸板强度高，两边都呈绿色；敷铜比纸板好，无气味。

4）玻纤板，成本较高、强度好，双面呈绿色，基本上大多的双面及多层的硬板都用这种材质，敷铜可以做到很精密很细，相对来说单位板较重。

总之，印制电路板不管印什么颜色的油墨，都要光滑、平整，不能有假线露铜，不能有起泡、脱落等现象，字符要清晰，过孔盖油不能有批锋。

印制电路板的表面处理有 OSP 电路板、沉金线路板、喷锡线路板、碳油线路板等工艺，都要求表面不能有污染，不然会影响可焊性，喷锡的表面需要平整，不能凹凸不平。

5.2.3 保险元件难点易错点

1. 关于保险丝的额定电压

保险丝（标准术语称为熔丝）作为一个安全元件，必须保证它在正常工作时、保护动作过程中及熔体熔断后的任何时段内都是绝对安全的，在熔体的熔断过程中和熔体熔断后，保险丝的额定电压具有非常重要的意义了。

保险丝熔断时的不安全因素来自过电流所释放的能量，而该能量的大小取决于电流和电压的乘积，保证保险丝安全性的最大电流就是额定分断能力、最大电压就是额定电压，如果保险丝的额定电压小于电路电压，则有可能产生不安全现象，所以必须使用额定电压大于或等于电路最大电压的保险丝。

2. 一次性保险丝和可恢复型保险丝的异同

可恢复型保险丝本质上是正温度系数的热敏电阻，它是利用 PTC 材料的电阻值对温度的正相关及在居里温度点时的突变而起到电路保护作用的，这一点原理与保险丝完全不同。

二者都可用来做电路的过电流保护，其使用的不少领域和场合有类似，还有一部分场合这两种产品都可以使用，还可以互相替换。然而在大多数场合，这两类产品还是有很多差异的，甚至根本不能互相替代，它们的主要差异见表 5-11。

表 5-11　一次性保险丝和可恢复型保险丝的差异

	一次性保险丝	PTC 可恢复型保险丝
内电阻值	小	大
对电流敏感	高	高
动作时间	快	慢
老化速度	慢	快
漏电流	无	有
安全性能	强	弱
应用范围	多	少

一般来说，用于重要器件或者电源保护时，应选用一次性保险丝，用于反复脉冲过电流保护时，宜选用可恢复型保险丝。

3. 什么样的保险丝才是好的保险丝？

一个优质的或合适的保险丝至少应该符合三项要求，即该断的时候要断，不该断的时候不能断，断的过程中必须保证安全。

4. 保险电阻能够替代保险丝吗？

好的保险丝必须同时具备三项功能，即保护功能、承载功能和安全功能，而保险电阻在这三方面都不可能发挥良好的作用。

保险电阻虽然具有过电流烧断的能力，但并不能真正起到与保险丝相同的作用。在大部分应用中为了降低成本而用保险电阻来替换保险丝的做法不一定是合适的。

另外请注意保险电阻不属于保险元件。

5. 保险丝能流过多少电流？

因保险丝涉及安全问题，即属于安全器件，故必须通过相关的认证才能生产和销售。额定电流是保险丝可以长期工作的电流值，并非是动作电流。

通常安规要求保险丝在额定电流工作时，其温度不应该超过允许值，如 UL 规定 100% 额定电流时，温度不能超过 75℃。

安规对当实际电流大于额定电流时的熔断时间也做出了较严格的要求。例如某规格的保险丝给出在 1.5 倍额定电流时，保险丝最少可以持续工作 60min；在 2.1 倍额定电流时，最多可以持续工作 2min；在 2.75 倍额定电流时，最少可以工作 400ms，最多可以工作 10s。此外，还有 4 倍、10 倍额定电流时对熔断时间的要求。

6. 保险丝怎么才能安全工作？

如果后级电路出现故障（如短路），那么输入电压几乎全部加在了保险丝两端，这就会产生非常大的电流。这么大的电流会导致保险丝持续导通而无法拉断吗？完全可能！所以提出了分断电流的概念。

IEC 与 UL 对分断能力有不同的要求。以 IEC 127 为例，有如下规定：

低分断（LBC）能力保险丝必须能安全切断35A 电流或 10 倍额定电流中的较大者。

中分断（EBC）能力保险丝必须能安全切断 150A 电流。

高分断（HBC）能力保险丝必须能安全切断 1500A 电流。

分断能力是保险丝最重要的安全指标，因此，在选择保险丝时，应仔细考虑该特性并实际测试，保险丝可能出现的最大短路电流不应超过保险丝的额定分断能力，保证在后级出现故障及有大电流流过时，保险丝可以安全切断电路，不会造成安全问题。

7. 温度对保险丝工作有影响吗？

与半导体一样，保险丝也是温度敏感元件。随着温度升高，其额定工作电流需要进行相应的降额。这很容易理解，保险丝本身就是依靠热量来将其熔断的，其温度等于环境温度加上工作时的温升。当环境温度较高时，有必要使其自身温升降低，因此需对额定电流降额。

8. 250V 的保险丝可以用于 125V 的电路吗？

根据保险丝的额定电压的选用原则是当电路电压不超过熔断器额定电压时，保险丝是否有能力分断给出的最大电流。可见，250V 的保险丝可以用于 125V 的电路中。

对于低电压的电子应用，一个交流额定保险丝可以用于直流电路中。

9. 保险丝的寿命有多长？

保险丝的寿命是很长的，在无故障的情况下几乎与设备的寿命是可以同步的。

10. 如何识别色环熔断器？

色环熔断器如图 5-42 所示，其第一、二道色环为有效数字，第三道色环为倍率，这三环表示的数值为熔断器额定电流的大小，其单位为 mA。第四道色环（宽度大约为其他色环的 2 倍）表示熔断器的时间电流特性。

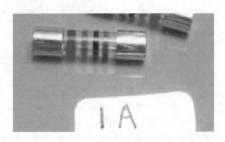

图 5-42　色环熔断器

5.2.4　继电器、传感器、晶体振荡器难点易错点

1. 继电器和接触器有何区别？

继电器和接触器的结构和工作原理大致相同。主要区别在于接触器的主触点可以通过大电流；继电器的体积和触点容量小，触点数目多，且只能通过小电流。所以，继电器一般用于控制电路中。

继电器是一种基本的电气设备，它可以用来打开或关闭互相独立的电路。这种操作是由电压控制的线圈绕组所产生的电磁场来实现的。例如，电流继电器可用于过载保护，电压继电器主要作为欠电压、失电压保护。

2. 如何知道继电器线圈的电流值是多少？

继电器规格中并不会说明继电器需要多少电流可以驱动线圈，在使用时可以量测线圈内的电阻值，再通过欧姆定律换算出耗电流。如果我们测量阻值为150Ω，线圈驱动电压为直流 24V，则耗电流为 24V/150Ω＝0.16A，这样就可以知道电源提供多大的电流才能使继电器作动。

3. 继电器的机械寿命和电气寿命有何区别？

继电器的寿命主要包含机械寿命和电气寿命两种。

1）机械寿命是继电器的机械部分在需要修理或更换机械零件前所能承受的无载操作循环次数。机械寿命是保证继电器不因为内部机械来回动作而造成动簧或其他部分因多次动作而损坏的时间。

2）电气寿命是在规定的正常工作条件下，继电器的机械部分在无需修理或更换零件的负载操作循环次数。电气寿命是保证继电器不因触头烧蚀、线圈烧断、绝缘老化造成损坏的时间。

可见，继电器的电气寿命与机械寿命的区别主要在于无载操作为机械寿命，带负载操作为电气寿命。一般情况下机械寿命都是可以达到的，但触点的负载也就是电气寿命很少能够达到。

4. 如何根据测量对象与测量环境确定传感器的类型？

要进行一个具体的测量工作，首先要考虑采用何种原理的传感器，这需要分析多方面的因素之后才能确定。因为即使是测量同一个物理量，也有多种原理的传感器可供选用。具体哪一种原理的传感器更为合适，则需要根据被测量的特点和传感器的使用条件，考虑以下一些具体问题：量程的大小，被测位置对传感器体积的要求，测量方式为接触式还是非接触式，信号的引出方法是有线还是非接触测量，传感器的来源是国产还是进口，价格能否承受等。

5. 传感器的灵敏度并不是越高越好

通常，在传感器的线性范围内，希望传感器的灵敏度越高越好。因为只有在灵敏度高时，与被测量变化对应的输出信号值才比较大，有利于信号处理。但要注意的是，传感器的灵敏度高时，与被测量无关的外界噪声也容易混入，也会被放大系统放大，影响测量精度。因此，要求传感器本身应具有较高的信噪比，尽量减少从外界引入的干扰信号。

此外，传感器的灵敏度是有方向性的。当被测量的是单向量，而且对其方向性要求较高时，应选择其他方向灵敏度小的传感器；如果被测量的是多维向量，则要求传感器的交叉灵敏度越小越好。

6. 光电传感器使用注意事项有哪些？

1）使用中光电传感器的前端面与被检测的工件或物体表面必须保持平行，这样光电传感器的转换效率最高。

2）安装焊接时，光电传感器的引脚根部与焊盘的最小距离不得小于5mm，否则焊接时易损坏管芯或引起管芯性能的变化，焊接时间应小于4s。

3）对射式光电传感器的最小可检测宽度为该种光电开关透镜宽度的80％。

4）当使用感性负载（如白炽灯或电动机等）时，其瞬态冲击电流较大，可能劣化或损坏交流二线的光电传感器，在这种情况下，请将负载经过交流转换后使用。

5）红外线光电传感器的透镜可用擦镜纸擦拭，禁用稀释溶剂等化学品，以免永久损坏塑料镜。

6）光电传感器必须安装在没有强光直接照射处，因强光中的红外光会影响接收管的正常工作。

7. 温湿露传感器使用注意事项有哪些？

1）安装位置要空气环境通风良好（在不同温度环境的切换中，温度响应时间与通风质量相关）。

2）热源，比如白炽灯等（需要探测选定对象时除外，如检测空调出风口温湿度等）。

3）防水，注意此探头可以检测空气湿度，但不能浸水，安装时要防止雨水流入探头内。

4）当湿度达到90%以上时，工作48h后需对传感器进行晾干处理再进行使用。

8. 光照度传感器使用注意事项有哪些？

光照度传感器利用半导体PN结的光生伏特效应及高精密仪表运放来检测环境光照强度，使用时被检测位置不应有任何人为遮光物体。

1）不需要任何防水玻璃罩，探头本身具有防水功能。

2）探头水平放置，由于探头核心器件的半导体部分表面是一层透明玻璃材料，玻璃对光线的反射随光线入射角度不同而不同，因此探头安装时应水平放置，以保证检测精确度。

3）在风沙或灰尘较重的环境下使用，要经常清除探头玻璃表面的灰尘。

9. 二氧化碳传感器使用注意事项有哪些？

二氧化碳传感器是基于远红外吸收原理研制而成的，适用于快速、在线测量。

1）通风，安装位置空气环境通风良好，使探头可以周围实时反应被测环境的 CO_2 浓度。

2）防水，防止大量水分浸入探头。

3）防振，使用过程中轻拿轻放，振动会使传感器产生漂移。

10. 风速传感器使用注意事项有哪些？

利用传感器在风力作用下的转速来测量风速。

1）安装不能将中间的通信口遮住。

2）安装时候需要水平，如果与水平方向具有一定的夹角，则风速将被分解，影响测量精度。

11. 风向传感器使用注意事项有哪些？

传感器摆叶尾指针所指的方向就是风向，摆叶转一周是360°，因此可以用度数表示风向（0°~359°）。

1）风向传感器固定底座安装时不能将中间的通信口遮住。

2）安装时，首先确定底座0°方向的位置，然后将0°方向位置朝向正北方向，这样东南西北四个方向的度数分别为90°、180°、270°和0°。同样，也可以将0°方向朝东，这样东南西北四个方向的度数就分别为0°、90°、180°和270°。

12. 光合有效辐射传感器使用注意事项有哪些？

测量有利于植物光合（400~700纳米波长）的摩尔光量子辐射量，用来测量传感器能感应部分的平均光合有效辐射（PAR）。

1）通光，被检测位置不应有任何人为遮光物体。

2）隔热，光量子检测的是太阳辐射能量的一个参数，红外线等辐射同样在内，因此传感器周围不能放置有热源或其他光源。

3）防水，基本防水功能，能防止雨水进入，但不能浸泡于水中。

4）水平放置，由于探头的滤光片对光线有折射作用，探头有方向角，因此在安装仪器的时候应尽量保持水平。

5）在风沙或灰尘较重的环境下使用时要经常清除探头玻璃表面的灰尘。

13. 土壤温度传感器使用注意事项有哪些？

1）若土壤过硬，则需要预先打好稍小于探针的小孔，不能强行插入，传感器背后不能用硬物敲击。

2）当使用完拔出泥土时，需要握住黑色外壳拔出，而不能直接拉通信线。

3）土壤温度传感器专门用在土壤温度测量，不可用在其他烘箱类测温上。

14. 使用晶振时最怕什么？

1）晶振怕摔落，从高空中掉落的晶振不建议继续工作，这一特点针对插件晶振，因为只有插件晶振才会人工焊接，且发生摔落的几率大于自动贴片机，而且插件晶振的内部芯片为悬空，从高空坠落时，很容易振坏内部薄薄的芯片。

2）晶振怕热也怕冷，最普通的晶振工作温度为 $-10 \sim 75℃$，耐高低温的晶振工作温度可保持在 $-55 \sim +125℃$。如果超过此温度范围，则晶振会不工作。

模块 3　动手操作见真章

5.3.1　红外接近开关电路安装

1. 电路原理

红外接近开关属于主动式红外探测电路，由发射电路发出红外线信号，经人体反射后由接收电路接收并进行处理，驱动终端设备工作。如将电磁阀的线圈串联在继电器 J 的动合触点 J_2 上，则可制成红外感应洗手器；将热风机的电源电路接在继电器 J 的动合触点 J_2 上，则可制成红外干手器。红外接近开关电路原理图和框图如图 5-43 所示。

1）电源电路。模块工作电压为 $5 \sim 12V$ 均可，一般采用外部 5V 电源供电。LED_1 为电源指示灯，C_1、C_2 为滤波电容，R_{12} 与 C_7 及 R_6 和 C_4 构成退耦电路，为红外接收放大电路供电。

2）红外发射电路。U_{1E}、U_{1F}、R_1、R_3、C_3 组成多谐振荡器，产生的振荡脉冲经 R_4 驱动 VT_1，使红外发射二极管 HT_1 不断发射红外脉冲。U_1 为反相器 CD4069。

3）红外接收电路。HR_1 和 R_8 构成红外接收电路，HR_1 为红外接收二极管，它的反向电阻随红外光照的增加而减小，从而使 R_8 的分压发生相应的变化，将接收到的红外光信号转变为电信号，通过 C_5 送到红外放大电路中进行放大。

4）红外信号放大电路。VT_2 和 VT_3 组成二级红外放大电路，将接收到的微弱红外信号进行放大，其中 VT_2 的偏置可调电阻 RP_1 用来调节信号接收的灵敏度。

5）脉冲整形电路。经放大后的信号送入 U_{1A} 和 U_{1B} 进行整形，将不规则的信号转变为规则的矩形脉冲，便于延时触发电路能够稳定工作。

6）延时电路。当接收到足够强度的红外信号时，整形电路便会输出矩形脉冲，矩形脉冲的高电平将使开关二极管 D_1 导通，使 C_8 两端的电压迅速上升变为高电平，C_8 的放电电阻为 R_{13} 和 RP_2，即便已经接收到红外信号，C_8 依然会保持一段时间的高电平，调节 RP_2 可以调节保持高电平时间的长短，即调节触发延时时间。

7）驱动电路。U_{1C} 和 U_{1D} 并联组成驱动电路，驱动指示灯电路和继电器工作。

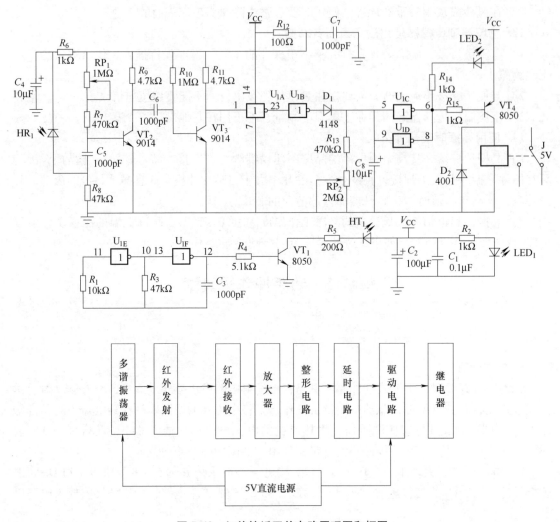

图 5-43 红外接近开关电路原理图和框图

8）继电器输出控制电路。当 C_8 两端因有信号的到来而成为高电平时，驱动电路便输出低电平，工作指示灯 LED$_2$ 点亮，VT$_4$ 导通，继电器得电吸合，控制端 J$_2$ 连通。

2. 红外接近开关套件介绍

红外接近开关的套件实物如图 5-44 所示，元器件明细见表 5-12。

图 5-44 红外接近开关的套件实物

表 5-12　元器件明细表

元器件代号	名　称	规　格	数　量
R_1	电阻器	10kΩ	1
R_2、R_6、R_{14}、R_{15}	电阻器	1kΩ	4
R_3、R_8	电阻器	47kΩ	2
R_4	电阻器	5.1kΩ	1
R_9、R_{11}	电阻器	4.7kΩ	2
R_5	电阻器	200Ω	1
R_{12}	电阻器	100Ω	1
R_{10}	电阻器	1MΩ	1
R_7、R_{13}	电阻器	470kΩ	2
RP_1	电位器	1MΩ	1
RP_2	电位器	2MΩ	1
C_4、C_8	电解电容	10μF	2
C_2	电解电容	100μF	1
C_1	瓷片电容	0.1μF	1
C_3、C_5、C_6、C_7	瓷片电容	1000pF	4
LED_1	发光二极管	红 φ3mm	1
LED_2	发光二极管	绿 φ3mm	1
HT_1	红外发射二极管	透明 φ5mm	1
HR_1	红外接收二极管	黑色 φ5mm	1
VT_2、VT_3	晶体管	9014	2
VT_1、VT_4	晶体管	8050	2
D_1	二极管	1N4148	1
D_2	二极管	1N4001	1
J	继电器	JRC-21F	1
U_1	集成电路	CD4069	1

3. 安装工艺要求

（1）元器件安装要求

1）色环电阻误差环的安装方向要统一。

2）二极管的极性要正确，D_1 和 D_2 的位置不能装错。

3）晶体管的高度约为 5~10mm，其余元器件贴板安装。

4）集成电路底座的安装方向应与电路板上的标注一致（要求底座缺口的朝向与印制电路板上标记的方向一致），在对集成电路的引脚进行整形时，要注意引脚的一致性，必须将所有引脚均对准底座上的位置后，再稍稍用力，将集成电路压入底座中。

5）直径5mm的二极管中，透明的是红外发射二极管，装在 HT_1 处；不透明的是红外接收二极管，装在 HR_1 处。安装时一定不能装错，均采用贴板安装。LED_2 采用绿色发光二极管，LED_1 采用红色发光二极管。

6）继电器和接线端子要求贴板安装，不能出现歪斜现象。

（2）焊接要求

1）质量好的焊点应该是焊点光亮、平滑；焊料层均匀薄润，且与焊盘大小比例合适，结合处的轮廓隐约可见；焊料充足，呈裙形散开；无裂纹、针孔、无焊剂残留物。

2）焊盘不应脱落。

3）元件修脚长度适当、一致、美观，不得损伤焊面。

4. 电路安装

（1）元器件安装顺序

1）安装并焊接固定电阻元件，安装完成后如图 5-45 所示。

2）安装二极管、集成电路底座及瓷片电容，安装后完如图 5-46 所示。

图 5-45　完成固定电阻的安装　　　　图 5-46　完成二极管、底座及瓷片电容的安装

3）安装红外发射与接收二极管、发光二极管、晶体管、电解电容及可调电位器，安装完成后如图 5-47 所示。

4）安装继电器、接线端子，最后将集成电路插入底座，完成电路的安装，如图 5-48 所示。

图 5-47　完成晶体管等器件的安装　　　　图 5-48　完成端子与继电器的安装

（2）导线的安装

先剥出 2～3mm 左右的导线并将其拧紧，直接接入电源的接线端子，注意电源正、负极性。

（3）装配质量检查

1）目测电路板中元器件的极性是否装错，元器件安装及字标方向均应符合工艺要求；

元器件的参数选择是否装错。

2）检查电路的焊点是否合格。

3）检查接插件、紧固件安装是否可靠牢固。特别应注意检查电源引线的极性是否正确。

5.3.2　红外接近开关调试与检测

1. 通电试验及万用表检测

（1）静态工作点测试。首先要求将稳压电源的输出电压调整为 +5V（±0.1V），分清正负极性后方可接入电路。

1）调节 W_2，使电路接收到的信号消失后，LED_2 能点亮 3~5s，即将电路的触发延时时间调整为 5~10s。调节 W_1，改变放大电路的灵敏度，使电路检测障碍物的距离为 5~15cm。本次电路的延时间为 8s 左右，检测障碍物的距离为 6cm 左右，调试好的电路如图 5-49 所示。

2）若不能实现检测障碍物的功能，则应分段调试。

① 先判断发射部分是否正常。方法一：用手机摄像头可以直接看到红外发光二极管所发出的光，如将手机的照相功能打开，并将手机摄像头对准红外发光二极管，则应能看到其发出的光，如图 5-50 所示。方法二：直接测量红外发射管两端的电压，应约为 0.8V 左右，如图 5-51 所示。

图 5-49　调试好的接近开关

图 5-50　手机相机中的红外发光二极管

a) 表笔接在 HT_1 两端

b) 测得 HT_1 两端电压

图 5-51　测量红外发射管两端的电压

② 可以用另一块电路的发射部分直接对准故障电路板的接收部分，看故障电路板接收电路能否接收到信号，若能则可判定故障在发射部分，若仍不能接收到信号，则可以从接收二极管起逐级测量电压，看在有无红外信号时是否有变化。这样，即可锁定故障的具体位置。

（2）测量晶体管的参数并判断其工作状态。

为了测量准确，应使放大电路的输入信号为 0，一般通过短路红外接收二极管的两只引脚来实现。请将测量结果填入表 5-13 中。

表 5-13　LED₂ 处于熄灭状态时各晶体管的电压记录

	VT_2	VT_3	VT_4	测量档位
U_{BE}				
U_{CE}				
状态				

（3）测量 LED 处于熄灭状态时 U_1 各引脚电压，请将测量结果填入表 5-14 中。

表 5-14　LED 处于熄灭状态时 U_1 各引脚电压记录

引脚	1	2	3	4	5	6	7	10	11	12	13	14
电压												

（4）测量流过 LED₁ 中的电流为_____ mA，计算其功耗为_____ W（可以串联电流表测量，但最快的方法是通过测量电阻 R_2 两端电压来计算电流）。

（5）测量继电器吸合时的电流为_____ mA，计算其功耗为_____ W（测量直流继电器的线圈电流可以采用串联电流表测量；也可以先测量继电器线圈的直流电阻，再测量继电器的线圈电压，利用欧姆定律来计算电流，但这种方法只能用于继电器的线圈通入直流电时，只有通入直流电线圈的感抗才为 0）。

2. 用示波器测量 VT₁ 的集电极电压波形

1）先对示波器进行校准。本次测量采用的是数字示波器，生产厂商为普源精电，型号为 DS1072U。

2）将示波器的拉钩接在 VT₁ 的集电极或电阻 R_5 的右端（指原理图中 R_5 的右端），将鳄鱼夹接电路地（本例中接在电源引脚的负极上），如图 5-52 所示。

图 5-52　示波器探头接入被测点

3）调节示波器的水平扫描时间旋钮，使示波器在水平方向显示 2~5 个周期，调节示波器的电压衰减旋钮，使示波器在垂直方向显示 2~8 格。将所测波形记录在表 5-15 中。

本次测量中，所选用的通道为 CH_1 通道，探头衰减为×1，垂直衰减调为 1V/格，水平时间调为 $50\mu s$/格，测量结果如图 5-53 所示。

表 5-15　VT_1 集电极的电压波形

波　　形	波形频率	波形的电压峰-峰值
	$f = \underline{\hspace{2cm}}$ $T = \underline{\hspace{2cm}}$	
		示波器 X、Y 轴量程档位
	占空比：_____	Y 轴：_____ X 轴：_____

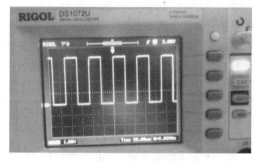

图 5-53　VT_1 的集电极电压参考波形

3. 示波器测试 VT_2 集电极的波形

1）调节 DDS 信号发生器（其使用方法请用手机扫描二维码观看讲解视频），使其输出频率为 11kHz，峰-峰值为 0.55V 的矩形波信号，其占空比为 30%（本次所使用的信号发生是普源精电生产的 DG1022U）。将 DDS 信号发生器信号由 HR_1 的正极输入电路，其红色鳄鱼夹接 HR_1 的正极或电阻 R_8 的上端（指原理图中 R_8 的上端，实测时先用导线焊接在 R_8 的右端），黑色鳄鱼夹接电路地，如图 5-54 所示。

a) 信号发生器与示波器接入电路

b) 信号发生器调节界面

扫一扫看视频

图 5-54　仪器连接与调节

2）拉钩接在 VT_2 的 C 极或电阻 R_9 的下端（指原理图中 R_9 的下端），将鳄鱼夹接电路地。

3）调节示波器的水平扫描时间旋钮，使示波器在水平方向显示 2～5 个周期，调节示波器的电压衰减旋钮，使示波器在垂直方向显示 2～8 格。将所测波形记录于表 5-16 中。

表 5-16 VT_2 集电极的电压波形

波　形	波 形 频 率	波形的电压峰-峰值
	$f = $ ＿＿＿＿ $T = $ ＿＿＿＿	
	脉冲沿上升时间	示波器 X、Y 轴量程档位
		Y 轴：＿＿＿＿ X 轴：＿＿＿＿

本次测量中，所选用的通道为 CH_1 通道，探头衰减为 ×1，垂直衰减调为 1V/格，水平时间调为 20μs/格。测量结果如图 5-55 所示。

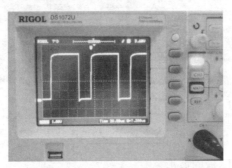

图 5-55 VT_2 集电极的参考波形

模块 4　复习巩固再提高

5.4.1　温故知新

1. 集成电路

集成电路（IC）也称为芯片，是一种采用特殊工艺将晶体管、电阻、电容等元器件集成在硅基片上而形成的具有一定功能的器件。具有体积小、重量轻、引出线和焊接点少、寿命长、可靠性高、性能好等优点，同时成本低，便于大规模生产。它不仅在工、民用电子设备中得到了广泛的应用，同时在军事、通信、遥控等方面也得到了广泛的应用。用集成电路装配电子设备，其装配密度比晶体管可提高几十倍至几千倍，设备的稳定工作时间也可大大提高。

集成电路根据不同的功能用途可分为模拟和数字两大类型，其应用遍及人类生活的方方面面。集成电路根据内部的集成度可分为大规模、中规模、小规模三类。其封装又有许多形式，其中，双列直插和单列直插的最为常见。消费类电子产品中用软封装的 IC，精密产品中用贴片封装的 IC 等。

CMOS 集成电路容易被静电击穿，保存和焊接时都应特别注意。

电子产品中常见到的三端稳压集成电路有正电压输出的 78XX 系列和负电压输出的 79XX 系列。

2. 电声器件

电声器件是一种声电互相转换的换能器件。常用电声器件主要有扬声器、耳机、驻极体传声器、蜂鸣器等。

可以利用万用表对电声器件进行简单的判断。一般电声器件中都有一个直流电阻，而且电阻值一般在几十欧姆，如果直流电阻明显变得很小或很大，则说明电声器件有故障。

3. 机电元件

利用机械力或者电信号的作用，使电路产生接通、断开或者转接等功能的元件统称为机电元件。常用的机电元件有开关、连接器（也称接插件）、印制电路板和杜邦线等。

连接器、接线端子、接插件三者是同属于一个概念的不同应用表现形式，是根据不同的实际应用来称呼的。

我们通常说的印制电路板是指裸板，即没有上元器件的电路板。

4. 保险元件

保险元件是一种保护电路设备和电器的元件，它串联或并联在被保护设备和电器的电路中，当电路和设备过载、过电压、过温时，保险元件将起到保护电器和电路的作用。

各类电器都离不开保险元件，只有合理选用保险元件，才能有效保护电器设备。

更换保险元件时，最好选择同型号的。替代时，需要注意它的额定参数，如额定电压、额定电流等。作为电器设备的使用者或维修者，不管任何条件下都不能加大保险丝的容量，也不能用铜丝取代保险丝，以免出现安全事故。

5. 继电器

继电器是一种电控制器件，在电路中起到自动调节、安全保护、转换电路等作用。在电子产品中，常用的继电器是小型直流继电器。

6. 传感器

传感器是一种检测装置，可以用来检测温度、湿度、速度、亮度、声音、磁场等信息。传感器是人类五官的延伸，人们将它称之为"电五官"。

传感器一般由敏感元件、转换元件、变换电路和辅助电源四部分组成。选择传感器时主要考虑灵敏度、稳定性、精度等几个方面的问题。

7. 石英晶体振荡器

石英晶体振荡器是利用石英晶体的压电效应制成的一种谐振器件，一般用金属外壳封装，也有用玻璃壳、陶瓷或塑料封装的晶振。晶振选型时一般都要留出一些余量，以保证产品的可靠性。

5.4.2　思考与提高

1. 选择题

（1）手拿 IC，使引脚向外，缺口向上，则 IC 的第一引脚是（　　　）。

A. 缺口左边的第一个   B. 缺口右边的第一个

C. 缺口左边的最后一个   D. 缺口右边的最后一个

（2）有人说，集成电路是极性器件，这种说法是（　　　）。

A. 正确的   B. 错误的

C. 片面的   D. 不科学的

（3）检测集成电路是否损坏可采用以下方法（　　　）。

A. 在工作状态检测集成电路的输入和输出信号（电压）波形

B. 在工作状态检测电源供电电压

C. 在断电状态检测各引脚对地电阻

D. 在工作状态检测各引脚的工作电压

（4）以下关于集成电路特点的说明中错误的是（　　　）。

A. 替换集成电路只要内部功能相同即可

B. 集成电路序号前的字母通常为厂商名称代号

C. 集成电路的最大输出功率就是功耗

D. 集成电路必须在规定的温度环境下工作

（5）下列电子设备中，没有用到传感器技术的设备是（　　　）。

A. 空调   B. 冰箱   C. 洗衣机   D. 台灯

（6）温度传感器是按（　　　）进行分类的

A. 输入量   B. 工作原理

D. 物理现象   D. 能量关系

（7）下列不属于传感器选型需要考虑的主要因素是（　　　）。

A. 测量对象和环境   B. 精度

C. 生产厂家   D. 稳定性

2. 判断题

（1）电声器件在进行检测时，只要功能参数正确，外观无关紧要。　　　　（　　　）

（2）保险元件的引出极没有极性之分。　　　　（　　　）

（3）三端稳压器属于数字集成电路。　　　　（　　　）

（4）微处理器芯片属于数字集成电路。　　　　（　　　）

（5）安装集成电路时必须注意引脚排列的顺序和引脚标记。　　　　（　　　）

（6）传感器是感知、获取与检测信息的窗口。　　　　（　　　）

（7）几乎每一个现代化项目都离不开各种各样的传感器，这种说法是错误的。　（　　　）

（8）传感器的灵敏度越高，越容易受到无关信号的干扰。　　　　（　　　）

3. 在进行电子产品维修时，如果发现保险元件已经损坏，能不能直接更换保险元件？为什么？

附　录

一、常用二极管型号及参数

型　号	V_{RRM}/V	I_O/A	C_J/pF	I_{FSM}/A	封　装	说　明
1N4001	50	1	—	30	DO-41	普通二极管
1N4002	100	1	—	30	DO-41	普通二极管
1N4003	200	1	—	30	DO-41	普通二极管
1N4004	400	1	—	30	DO-41	普通二极管
1N4005	600	1	—	30	DO-41	普通二极管
1N4006	800	1	—	30	DO-41	普通二极管
1N4007	600	1	—	30	DO-41	普通二极管
1N4148	100	0.2	—	1	DO-35	开关二极管
1N4150	50	0.2	—	1	DO-35	开关二极管
1N4448	50	0.2	—	1	DO-35	开关二极管
1N4454	50	0.2	—	1	DO-35	开关二极管
1N457	70	0.2	—	1	DO-35	开关二极管
1N457	70	0.2	—	1	DO-35	开关二极管
1N914	50	0.2	—	1	DO-35	开关二极管
1N914A	50	0.2	—	1	DO-35	开关二极管
1N916	50	0.2	—	1	DO-35	开关二极管
1N916A	50	0.2	—	1	DO-35	开关二极管
1N4728	3.3	10	76	100	DO-41	稳压二极管
1N4729	3.6	10	69	100	DO-41	稳压二极管
1N4730	3.9	9	64	50	DO-41	稳压二极管
1N4731	4.3	9	58	10	DO-41	稳压二极管
1N4732	4.7	8	53	10	DO-41	稳压二极管
1N4733	5.1	7	49	10	DO-41	稳压二极管

(续)

型　号	V_{RRM}/V	I_O/A	C_J/pF	I_{FSM}/A	封　装	说　明
1N4734	5.6	5	45	10	DO-41	稳压二极管
1N4735	6.2	2	41	10	DO-41	稳压二极管
1N4736	6.8	3.5	37	10	DO-41	稳压二极管
1N4737	7.5	4	34	10	DO-41	稳压二极管
1N4738	8.2	4.5	31	10	DO-41	稳压二极管
1N4739	9.1	5	28	10	DO-41	稳压二极管
1N4740	10	7	25	10	DO-41	稳压二极管
1N4741	11	8	23	5	DO-41	稳压二极管
1N4742	12	9	21	5	DO-41	稳压二极管
1N4743	13	10	19	5	DO-41	稳压二极管
1N4744	15	14	17	5	DO-41	稳压二极管
1N4745	16	16	15.5	5	DO-41	稳压二极管
1N4746	18	20	14	5	DO-41	稳压二极管
1N4747	20	22	12.5	5	DO-41	稳压二极管
1N4748	22	23	11.5	5	DO-41	稳压二极管
1N4749	24	25	10.5	5	DO-41	稳压二极管
1N4750	27	35	9.5	5	DO-41	稳压二极管
1N4751	30	40	8.5	5	DO-41	稳压二极管
1N4752	33	45	7.5	5	DO-41	稳压二极管
1N5391	50	1.5	—	50	DO-15	普通二极管
1N5392	100	1.5	—	50	DO-15	普通二极管
1N5393	200	1.5	—	50	DO-15	普通二极管
1N5394	300	1.5	—	50	DO-15	普通二极管
1N5395	400	1.5	—	50	DO-15	普通二极管
1N5396	500	1.5	—	50	DO-15	普通二极管
1N5397	600	1.5	—	50	DO-15	普通二极管
1N5398	800	1.5	—	50	DO-15	普通二极管
1N5399	1000	1.5	—	50	DO-15	普通二极管
1N5401	50	3	—	200	DO-201AD	普通二极管
1N5402	100	3	—	200	DO-201AD	普通二极管
1N5403	200	3	—	200	DO-201AD	普通二极管
1N5404	400	3	—	200	DO-201AD	普通二极管
1N5405	500	3	—	200	DO-201AD	普通二极管
1N5406	600	3	—	200	DO-201AD	普通二极管
1N5407	800	3	—	200	DO-201AD	普通二极管

（续）

型　号	V_{RRM}/V	I_O/A	C_J/pF	I_{FSM}/A	封　装	说　明
1N5408	1000	3	—	200	DO-201AD	普通二极管
1N746A	3.3	28	20	30	DO-35	稳压二极管
1N747A	3.6	24	20	30	DO-35	稳压二极管
1N748A	3.9	23	20	30	DO-35	稳压二极管
1N749A	4.3	22	20	30	DO-35	稳压二极管
1N750A	4.7	19	20	30	DO-35	稳压二极管
1N751A	5.1	17	20	20	DO-35	稳压二极管
1N752A	5.6	11	20	20	DO-35	稳压二极管
1N753A	7.3	7	20	20	DO-35	稳压二极管
1N754A	6.8	5	20	20	DO-35	稳压二极管
1N755A	7.5	6	20	20	DO-35	稳压二极管
1N756A	8.2	8	20	20	DO-35	稳压二极管
1N757A	9.1	10	20	20	DO-35	稳压二极管
1N758A	10	17	20	20	DO-35	稳压二极管
1N759A	12	30	20	20	DO-35	稳压二极管
1N957B	6.8	4.5	18.5	150	DO-35	系列二极管
1N958B	7.5	5.5	16.5	75	DO-35	系列二极管
1N959B	8.2	6.5	15	50	DO-35	系列二极管
1N960B	9.1	7.5	14	25	DO-35	系列二极管
1N961B	10	8.5	12.5	10	DO-35	系列二极管
1N962B	11	9.5	11.5	5	DO-35	系列二极管
1N963B	12	11.5	10.5	5	DO-35	系列二极管
1N964B	13	13	9.5	5	DO-35	系列二极管
1N965B	15	16	8.5	5	DO-35	系列二极管
1N966B	16	17	7.8	5	DO-35	系列二极管
1N967B	18	21	7	5	DO-35	系列二极管
1N968B	20	25	6.2	5	DO-35	系列二极管
1N969B	22	29	5.6	5	DO-35	系列二极管
1N970B	24	33	5.2	5	DO-35	系列二极管
1N971B	27	41	4.6	5	DO-35	系列二极管
1N972B	30	49	4.2	5	DO-35	系列二极管
1N973B	33	58	3.8	5	DO-35	系列二极管
FR101	50	1	50	35	DO-41	快恢复二极管
FR102	100	1	50	35	DO-41	快恢复二极管
FR103	200	1	50	35	DO-41	快恢复二极管
FR104	400	1	50	35	DO-41	快恢复二极管

（续）

型　号	V_{RRM}/V	I_O/A	C_J/pF	I_{FSM}/A	封　装	说　明
FR105	600	1	50	35	DO-41	快恢复二极管
FR106	800	1	50	35	DO-41	快恢复二极管
FR107	1000	1	50	35	DO-41	快恢复二极管
HER1601C	50	16	40	200	TO-220	快恢复二极管
HER1602C	100	16	40	200	TO-220	快恢复二极管
HER1603C	200	16	40	200	TO-220	快恢复二极管
HER1604C	300	16	40	200	TO-220	快恢复二极管
HER1605C	400	16	40	200	TO-220	快恢复二极管
MUR805	50	8	—	100	TO-220AC	快恢复二极管
MUR810	100	8	—	100	TO-220AC	快恢复二极管
MUR815	150	8	—	100	TO-220AC	快恢复二极管
MUR820	200	8	—	100	TO-220AC	快恢复二极管
MUR840	400	8	—	100	TO-220AC	快恢复二极管
MUR860	100	8	—	100	TO-220AC	快恢复二极管

二、常用晶体管及参数

型　　号	耐压/V	电流/A	功率/W	型　　号	耐压/V	电流/A	功率/W
B857	70	4	40	BU2508A	1500	8	125
BU2508AF	1500	8	45	BU2508DF	1500	8	45
BU2520AF	1500	10	45	BU2520AX	1500	10	45
BU2520DF	1500	10	45	BU2520DX	1500	10	45
BU2522AF	1500	10	45	BU2522AX	1500	10	45
BU2522DF	1500	10	45	BU2522DX	1500	10	45
BU2525AF	1500	12	45	BU2525AX	1500	12	45
BU2527AF	1500	12	45	BU2527AX	1500	12	45
BU2532AL	1500	15	150	BU2532AW	1500	16	125
BU2725DX	1700	12	45	BU406	400	5	60
BU4522AF	1500	10	45	BU4522AX	1500	10	45
BU4523AF	1500	11	45	BU4523AX	1500	11	45
BU4525AF	1500	12	45	BU4525DF	1500	12	45
BU4530AL	1500	16	125	BU4530AW	1500	16	125
BUH1015	1500	14	70	BUH315D	1500	6	44
BUT11A	1000	5	100	C3039	500	7	50
C3886A	1500	8	50	C3996	1500	15	180
C3997	1500	20	250	C3998	1500	25	250

（续）

型　号	耐压/V	电流/A	功率/W	型　号	耐压/V	电流/A	功率/W
C4242	450	7	40	C4288A	1600	12	200
C4532	1700	10	200	C4762	1500	7	50
C4686A	1500	0.05	10	C4891	1500	15	75
C4769	1500	7	60	C4924	1500	10	70
C4897	1500	20	150	C5047	1600	25	25
C5045	1600	15	75	C5086	1500	10	50
C5048	1500	12	50	C5129	1500	10	50
C5088	1500	8	60	C5144	1700	20	200
C5142	1500	20	200	C5149	1500	8	50
C5148	1500	8	50	C5243	1700	15	200
C5243	1700	15	200	C5244A	1600	20	200
C5244	1500	20	200	C5251	1500	12	50
C5250	1500	8	50	C5294	1500	20	120
C5252	1500	15	50	C5297	1500	8	60
C5296	1500	8	60	C5302	1500	15	75
C5301	1500	20	120	C5386	1500	7	50
C5331	1500	15	180	C5404	1500	9	50
C5387	1500	10	50	C5406	1500	14	100
C5404	1500	9	50	C5411	1500	14	60
C5407	1700	15	100	C5440	1500	15	60
C5423	1700	15	100	C5446	1700	18	200
C5445	1500	25	200	C5570	1700	28	220
C5552	1700	16	65	C5584	1500	20	150
C5583	1500	17	150	C5589	1500	18	200
C5587	1500	17	75	C5612	2000	22	220
C5597	1700	22	200	C5801	1500	8	50(48kHz)
C5686	2000	20	70	C5803	1500	12	70(84kHz)
C5802	1500	10	60(69kHz)	D2058	60	3	25
D1879	1500	6	60	D5703	1500	10	70
D2356	1500	20	200	HPA150	1500	15	150
HPA100	1500	10	150	J6815	1500	15	60
J6812	1500	12	60	J6825	1500	25	150
J6820	1500	20	60	J6916	1700	16	60
J6910	1700	10	60	MJL16218	1500	15	170
J6920	1700	20	60	TIP127	100	8	65
TIP122	100	5	65	TIP32C	100	3	40

（续）

型　号	耐压/V	电流/A	功率/W	型　号	耐压/V	电流/A	功率/W
TIP31C	100	3	40	TIP42	40	6	65
TIP41C	100	6	65	TIP42C	100	6	65
TIP42A	60	6	65	A1295	230	17	200
A1175	60	0.1	0.25	A1301	160	12	120
A719	30	0.5	0.625	C3280	160	12	120
B12	30	0.05	0.05	A1302	200	15	120
B205	80	20	80	C3281	200	15	120
B1215	120	3	20	A1358	120	1	10
C1317	30	0.5	0.625	A1444	100	15	30
C546	30	0.03	0.15	A1494	200	17	200
C680	200	2	30	A1516	180	12	130
C665	125	5	50	A1668	200	2	25
C4581	600	10	65	A1785	120	1	1
C4584	1200	6	65	A1941	140	10	100
C4897	1500	20	150	C5198	140	10	100
C4928	1500	15	150	A1943	230	15	150
C5411	1500	14	60	C5200	230	15	150
HQ1F3P	20	2	2	B449	50	3.5	22.5
TIP132	100	8	70	B647	120	1	0.9
A1020	50	2	0.9	D667	120	1	0.9
A1123	150	0.05	0.75	B1375	60	3	2
A1162	50	0.15	0.15	D40C	40	0.5	40
A1216	180	17	200	B688	120	8	80
A1265	140	10	100	B734	60	1	1
C1317	30	0.5	0.625	B649	180	1.5	20
C2238	160	1.5	25	D669	180	1.5	20
C3198	60	0.15	0.4	B669	70	4	40
3DK4B	40	0.8	0.8	C3807	30	2	1.2
3DK7C	25	0.05	0.3	C3858	200	17	200
3D15D	300	5	50	D985	150	±1.5	10
C2078	80	3	10	C2036	80	1	1.4
C2120	30	0.8	0.6	C2068	300	0.05	1.5
C2228	160	0.05	0.75	C2073	150	1.5	25
C2230	200	0.1	0.8	C3039	500	7	50
C2233	200	4	40	C3058	600	30	200
C945	50	0.1	0.5	C3148	900	3	40

（续）

型　　号	耐压/V	电流/A	功率/W	型　　号	耐压/V	电流/A	功率/W
C1008	80	0.7	0.8	C3150	900	3	50
C2236	30	1.5	0.9	C3153	900	6	100
C815	60	0.2	0.25	C3182	140	10	100
C828	45	0.05	0.25				

三、常用场效应晶体管主要参数

型　　号	功率/W	电流/A	DS 极间耐压/V	型　　号	功率/W	电流/A	DS 极间耐压/V
2SK534	100	5	800	2SK1198	75	3	800
2SK538	100	3	900	2SK1249	130	15	500
2SK557	100	12	500	2SK1250	150	20	500
2SK560	100	15	500	2SK1271	240	15	1400
2SK566	78	3	800	2SK1280	150	18	500
2SK644	125	10	500	2SK1281	120	4	700
2SK719	120	5	900	2SK1341	100	5	900
2SK725	125	15	500	2SK1342	100	8	900
2SK727	125	5	900	2SK1356	40	3	900
2SK774	120	18	500	2SK1357	125	5	900
2SK785	150	20	500	2SK1358	150	9	900
2SK787	150	8	900	2SK1451	120	5	900
2SK788	150	13	500	2SK1498	120	20	500
2SK790	150	15	500	2SK1500	160	25	500
2SK872	150	6	900	2SK1502	120	7	900
2SK955	150	9	800	2SK1507	50	6	600
2SK956	150	9	800	2SK1512	150	10	850
2SK962	150	8	900	2SK1531	150	15	500
2SK1019	300	30	500	2SK1537	100	5	900
2SK1020	300	30	500	2SK1539	150	10	900
2SK1045	150	5	900	2SK1563	150	12	500
2SK1081	125	7	800	2SK1649	100	6	900
2SK1082	125	6	800	2SK1794	150	6	900
2SK1117	100	6	600	2SK2038	125	6	900
2SK1118	45	6	600	2N7000	0.4	0.2	60
2SK1119	100	4	1000	BUZ385	125	6	500
2SK1120	150	8	1000	GH30N60	180	30	600

（续）

型　号	功率/W	电流/A	DS 极间耐压/V	型　号	功率/W	电流/A	DS 极间耐压/V
2SK1171	240	5	1400	GH30N100	250	30	1000
H1245	120	12	450	GH40N60	200	40	600
H13N50	150	13	500	IRFP151	180	19	60
IBF834	100	3	500	IRFP240	150	31	200
IPF440	125	8	500	IRFP250	180	31	200
IRT450	150	13	500	IRFP251	180	33	150
IRF350	150	13	500	IRFP254	180	23	250
IRF360	300	25	400	IRFP350	180	16	400
IRF440	125	8	500	IRFP351	180	16	350
IRF451	150	13	450	IRFP360	250	23	400
IRF460	300	21	500	IRFP450	180	14	500
IRF620	40	5	200	IRFP452	180	12	500
IRF630	75	9	200	IRFP460	250	20	500
IRF634	75	8.1	250	IRFBC40	125	6.2	600
IRF640	125	18	200	IRF4P51	180	14	450
IRF730	75	5.5	400	IXGH10N100	100	10	1000
IRF740	125	10	400	IXGH15N100	150	150	1000
IRF820	50	2.5	500	IXGH20N60	150	20	600
IRF830	75	4.5	500	IXTH50N30	150	50	300
IRF834	100	5	500	IXTH50X20	250	50	200
IRF840	125	8	500	IXTH67N10	200	67	100
IRF841	125	8	450	LXTH24N50	250	24	500
IRF842	125	7	500	LXTH30N20	180	30	200
IRF9610	20	1	200	LXTH30N30	180	30	300
IRF9630	75	6.5	200	LXTH30N50	300	30	500
IRF9640	125	11	200	LXTH40N30	250	40	300
IRF450	150	13	500	LXTH50N10	150	50	100
IRFD113	1	0.8	80	LXTH50N20	150	50	200
IRFD123	1	1.1	80	LXTH67N70	200	67	100
FIRP150	180	41	100	LXTH75N10	200	75	100
MTM6N80	120	6	800	MTH8N50	120	8	500
METH10N50	120	10	500	MTM40N10	150	40	100
MTH12N50	120	12	500	MTM6N90	150	6	900
MTH14N50	150	14	500	MTM8N50	100	8	500
MTH20N20	120	20	200	MTM8N90	150	8	900

（续）

型　号	功率/W	电流/A	DS 极间耐压/V	型　号	功率/W	电流/A	DS 极间耐压/V
MTH25N10	150	25	200	MTP3N60	75	3	600
MTH30N10	120	30	100	MTP3N100	75	3	1000
MTH35N15	150	35	150	MTP4N60	50	4	600
MTH40N10	150	40	100	MTP4N80	50	4	800
MTH8N60	120	8	600	MTP5P25	75	5	250
MTM10N20	75	10	200	MTP5N45	75	5	450
MTM20N20	125	20	200	MTP5N50	75	5	500
MTM25N10	100	25	100	MTP6N60	125	6	600
MTM30N10	120	30	100	MTP6N60E	125	6	600
RFP50N05	132	50	50	RFP50N05L	110	50	50

四、常用电子元器件的识别要素

PCB 上的字母标志	元件名称	特　性	极性或方向	计量单位	功　能
R（RN/RP）	电阻	有色环 有 SIP/DIP/SMD 封装	SIP/DIP 有方向	$\Omega/k\Omega/M\Omega$	限制电流
C	电容	色彩明亮、标有 DC/VDC/pF/μF 等	部分有	pF/nF/μF	存储电荷，阻直流、通交流
L	电感	单线圈	无	μH/mH	存储磁场能量，阻直流、通交流
T	变压器	两个或以上线圈	有	匝比数	调节交流电的电压与电流
D 或 CR	二极管	小玻璃体，一条色环标记为 1NXXX/LED	有		允许电流单向流动
Q	晶体管	三只引脚，通常标记为 2NXXX/DIP/SOT	有	放大倍数	用作放大器或开关
U	集成电路		有		多种电路的集合
X 或 Y	晶体振荡器	金属体	有	Hz	产生振荡频率
F	熔丝		无	A	电路过载保护
S 或 SW	开关	有触发式、按键式及旋转式，通常为 DIP	有	触点数	通断电路
J 或 P	连接器		有	引脚数	连接电路板
B 或 BJT	电池	正负极，电压	有	V（A）	提供直流电流

参考答案

第1章

1.1.1 练一练

答案：

标　注	电　阻　值	标　注	电　阻　值	标　注	电　阻　值
470	47Ω	1R0	1.0Ω	4700	470Ω
224	220kΩ	R20	0.2Ω	1004	1MΩ
103	10kΩ	4m7	4.7MΩ	68R0	68Ω

练一练

答案：（1）

编　号	色　环	阻值及偏差
1	棕黑黑金	10Ω ±5%
2	棕黑绿金	1MΩ ±5%
3	蓝灰橙银	68kΩ ±10%
4	黄紫橙银	4.7kΩ ±10%
5	棕黑黑棕棕	1kΩ ±1%
6	棕黄紫金棕	14.7Ω ±1%
7	红黄黑金	24Ω ±5%
8	紫绿红银	7.5kΩ ±5%
9	红紫黄棕	270kΩ ±1%
10	绿棕棕金	510Ω ±5%

（2）

编　　号	阻值及偏差	色　　环
1	$0.5\Omega \pm 5\%$	绿黑银金
2	$1\Omega \pm 5\%$	棕黑银金
3	$470\Omega \pm 5\%$	黄紫棕金
4	$1k\Omega \pm 1\%$	棕黑红棕
5	$1.8\Omega \pm 10\%$	棕灰金银
6	$2.7k\Omega \pm 10\%$	红紫红银
7	$24k\Omega \pm 10\%$	红黄橙银
8	$100k\Omega \pm 10\%$	棕黑黑橙银
9	$150k\Omega \pm 10\%$	棕绿黑橙银
10	$274k\Omega \pm 10\%$	红紫黄橙银

1.1.2　练一练

答案：（1）电容值 $0.1\mu F$，容量允许偏差为 $\pm 5\%$。

（2）2A 表示耐压值 100V，103 表示电容值 $0.01\mu F$，J 表示允许偏差为 5%。

（3）D。

（4）B。

1.1.3　练一练

答案：（1）通直流，所谓通直流就是指在直流电路中，电感器的作用就相当于一根导线，不起任何阻碍作用；阻交流，在交流电路中，电感器会有阻抗，使整个电路的电流会变小，对交流有一定的阻碍的作用。

（2）电感线圈串联起来总电感量是增大的，串联后的总电感量为

$$L_串 = L_1 + L_2 + L_3 + L_4\cdots$$

（3）150 为 $15\mu H$；6R8 为 $6.8\mu H$；2R2 为 $2.2\mu H$；1.0 为 $1\mu H$。

1.1.4　练一练

答案：（1）C。变压器只能对交变电流实现变压，不能对直流变压，故选项 A、D 错误；由于电压与变压器线圈匝数成正比，二次侧线圈匝数多于一次侧线圈的变压器才能实现升压，所以选项 B 错误，选项 C 正确。

（2）变压器的铁心构成变压器的磁路，同时又起到器身骨架的作用。

1.4.2　思考与提高

答案：（1）B。

（2）电路中通电后有可能会引起电容爆炸。

（3）电容器容量的测量一般使用数字表的电容档，可直接指示出电容器的容量值，测量比较精准。而要测量其好坏和正负极时，用指针式万用表电阻档测量比较理想，看其漏电阻过小或为零即可判断电容击器穿漏电损坏。正、反各测量一次，其中漏电电阻大的一次为准，黑表笔接的是电解电容的"＋"极，红表笔接的是"－"极。

（4）电阻；R×1。

1）短路；R×1。

2）开路。

（5）需要经验积累，主要是靠平时多观察、多比较、多记录、多总结。生产厂商给出的技术参数也是重要的参考依据。同行人士的经验，甚至教训，也有助于选择质量合格、性价比高的电子元件。

（6）选择变压器时一般应从变压器的功率、电压、电流及环境条件几方面综合考虑。选用电源变压器时，还要注意要与负载电路相匹配，电源变压器应留有功率余量（其输出功率应略大于负载电路的最大功率），输出电压应与负载电路供电部分的交流输入电压相同。

一般电源电路可选用 EI 型铁心电源变压器。若是高保真音频功率放大器的电源电路，则应选用 R 型变压器或环形变压器，开关电源电路中应选择开关变压器。

第 2 章

2.1.1　练一练

答案：1. C　D　B　D。

2. ×　√。

2.1.2　练一练

答案：1. B　B　B　C。

2. ×　√　×。

2.1.3　练一练

答案：1. B　A　C。

2. 答案见 2.1.3 节相关内容。

2.1.4　练一练

答案：（1）晶闸管导通之后，其导通状态完全依靠管子本身的正反馈作用来维持，即使控制极电流消失，晶闸管仍然导通，即控制极失去作用。要想关断晶闸管，必须断开阳极电源或在阳极与阴极间加反向电压，使阳极电流减小到使其不能维持正反馈过程的维持电流以下。

（2）晶闸管没有线性放大作用，它只工作在饱和导通和截止两种状态。

2.4.2　思考与提高

答案：1. ×　√。

2. C　C　A。

3. 除 c、d 不能，其余都可能。

第 3 章

3.1.1　练一练

答案：略。

3.1.2　练一练

答案：（1）晶体管；晶闸管。

（2）略。

3.1.3 练一练

答案：（1）C。

（2）D。

（3）答案见 3.1.2 节相关内容。

3.1.4 练一练

答案：（1）D。

（2）略。

（3）光敏晶体管的工作有两个过程：一是光电转换；二是光电流放大。光电转换过程是在集基结内进行，与一般光敏二极管相同。

3.1.5 练一练

答案：（1）光敏电阻器分为本征半导体光敏电阻器与杂质半导体光敏电阻器。本征半导体光敏电阻器的长波长要短于杂质半导体光敏电阻器的长波长，因此，本征半导体光敏电阻器常用于可见光长波段的检测，而杂质型半导体光敏电阻器常用于红外波段光辐射甚至于远红外波段光辐射的检测。

（2）亮电阻就是有光照时候的电阻，一般很小，为几十～几百 Ω；暗电阻是没有光照时候的电阻，一般很大，为几百 $k\Omega$ ～几 $M\Omega$。

3.4.2 思考与提高

答案：（1）光敏电阻器的电阻值根据光照强度发生变化；光敏二极管的反向电流根据光照强度发生变化；光敏晶体管相当于一个光敏二极管和普通晶体管组合，其电流变化的放大倍数为晶体管的放大倍数。

（2）光电器件是将光能转变为电能的一种传感器件，是构成光电式传感器的主要部件。典型的基于光电效应的器件有光电池、光敏电阻、光敏二极管以及光敏晶体管。

（3）可以将可调电阻值调大一些。

第 4 章

4.1.1 练一练

答案：（1）答案见 4.1.1 节相关内容。

（2）小规模集成电路（SSI）、中规模集成电路（MSI）、大规模集成电路（VSI）、超大规模集成电路（VLSI）、特大规模集成电路（ULSI）和巨大规模集成电路（GSI）。

（3）答案见 4.1.1 节相关内容。

（4）硅、砷化镓、磷化铟。

（5）集成运算放大器、集成直流稳压器、集成功率放大器和集成电压比较器。

（6）TTL 型、ECL 型和 CMOS 型。

4.1.2 练一练

答案：（1）将集成电路正面的字母、代号朝向自己，使定位标记在左下方，则处于最左下方的引脚是第 1 脚。

（2）

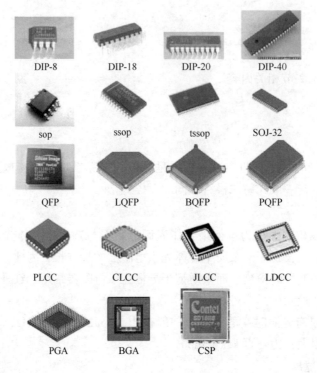

4.1.3 练一练

答案：（1）

7800 系列	7805	7806	7808	7809	7812	7815	7818	7824
	+5 V	+6 V	+8 V	+9 V	+12 V	+15 V	+18 V	+24 V
7900 系列	7905	7906	7908	7909	7912	7915	7918	7924
	−5 V	−6 V	−8 V	−9 V	−12 V	−15 V	−18 V	−24 V

（2）

三端集成稳压器	1 脚	2 脚	3 脚
78XX 系列	输入	地（公共端）	输出
79XX 系列	地（公共端）	输入	输出
CW317 系列	调整	输出	输入
CW337 系列	调整	输入	输出

4.1.4 练一练

答案：1. （1）正、反向。

（2）零或无穷大。

（3）红表笔；黑表笔。

（4）逻辑。

（5）明显的。

2. 答案见 4.1.4 节相关内容。

4.4.2 思考与提高

答案：1.（1）微型。

（2）TTL；CMOS；ECL。

（3）左下角。

（4）左上角。

（5）定位标记。

（6）色点；凹坑。

（7）金属。

2. 该电路的输出电压 U_o 是 12V。

第5章

5.1.1 练一练

答案：1. × ×。

2. 目前许多手机均采用动圈式扬声器，主要有内磁式和外磁式两种类型。

3. 将"向右运动"改为"向左运动"，"向左运动"改为"向右运动"。

5.1.2 练一练

答案：（1）略。

（2）A。

5.1.3 练一练

答案：1. 额定电流过大的熔丝对电路起不到保护作用，过小的熔丝会导致电路频繁切断，不能正常工作，因此要选择合适规格的熔丝。

2. √ √ × √ √。

5.1.4 练一练

答案：1.（1）触点系统。

（2）热敏。

（3）动合型；动断型；转换型。

2. A。

3. 答案见 5.1.4 节相关内容。

5.1.5 练一练

答案：1.（1）光电。

（2）转换元件。

（3）输出。

（4）输出量；输入量。

（5）模拟量传感器；数字量传感器。

2. 答案见 5.1.4 节相关内容。

5.4.2　思考与提高

答案：1. A　A　ACD　ABC　D　A　C。

2. ×　×　×　√　√　√　×　√。

3. 维修时，一旦发现保险元件烧坏，应先查明烧坏保险元件的原因，绝不允许盲目更换。因为在电路中是起保护作用的，所以如果没有找出电路中的故障元器件，那么直接更换保险元件可能会造成更大的故障，损坏更多的元器件。